Miguel Antonio Ávila Angulo
Jaime Antonio Benitez
Ruben Javier Medina

Geodesia I

Miguel Antonio Ávila Angulo
Jaime Antonio Benitez
Ruben Javier Medina

Geodesia I

Introducción al posicionamiento con técnicas satelitales

Editorial Académica Española

Imprint
Any brand names and product names mentioned in this book are subject to trademark, brand or patent protection and are trademarks or registered trademarks of their respective holders. The use of brand names, product names, common names, trade names, product descriptions etc. even without a particular marking in this work is in no way to be construed to mean that such names may be regarded as unrestricted in respect of trademark and brand protection legislation and could thus be used by anyone.

Cover image: www.ingimage.com

Publisher:
Editorial Académica Española
is a trademark of
International Book Market Service Ltd., member of OmniScriptum Publishing Group
17 Meldrum Street, Beau Bassin 71504, Mauritius

Printed at: see last page
ISBN: 978-3-659-07763-0

Copyright © Miguel Antonio Ávila Angulo, Jaime Antonio Benitez, Ruben Javier Medina
Copyright © 2013 International Book Market Service Ltd., member of OmniScriptum Publishing Group
All rights reserved. Beau Bassin 2013

Contenido

Lista de figuras

Lista de tablas

Créditos

De manera especial los autores agradecen a la **Universidad Distrital Francisco José de Caldas** por facilitar la formación académica en los ámbitos respectivos desde el nivel de pregrado en ingeniería hasta la formación post- gradual a nivel de maestría y doctorado que a la fecha presentan los autores, recorrido académico que ha permitido fortalecer los instrumentos de comprensión de la rama del saber que aquí presentamos, así como también la experiencia a nivel pedagógico que durante años se ha tenido en las aulas de nuestra alma mater además tener la oportunidad de llevar estos conocimientos a otros lugares de formación, sin los cuales este texto guía propuesto para un curso de formación en Geodesia para estudiantes de ingeniería y topografía no sería posible.

Teniendo en cuenta que en la actualidad se tienen muchos textos dirigidos a estudiantes de ingenierías y ciencias, el tema que presentamos es la recopilación de la experiencia académica y pedagógica que se ha madurado durante años en los cursos de Geodesia dirigido a estudiantes de ingeniería y topografía en la **Universidad Distrital Francisco José de Caldas** y que nos ha motivado realizar la presentación de este texto de introducción a la Geodesia, pensando en alumnos que necesitan de un acercamiento a temas propios de la ingeniería y las ciencias.

Rubén Javier Medina Daza

Acreditado en la suficiencia investigadora (Diploma de estudios avanzados, DEA), en Sistemas de Información Geográfica de la Universidad Pontificia de Salamanca Madrid - España. Magíster en Teleinformática, Especialista en Ingeniería de Software, Especialista en Sistemas de Información Geográfica, Licenciado en Matemáticas **Profesor Asociado** de tiempo completo de la **Universidad Distrital Francisco José de Caldas. Adscrito a la Facultad de Ingeniería**.

Miguel Antonio Ávila

Magister en ciencias de la información y las comunicaciones, Especialista en sistemas de información geográfica, Ingeniero Catastral y Geodesta, Licenciado en Física, **Profesor Asistente** de las asignaturas de Geodesia Física, Geodesia Satelital y Geofísica en el proyecto curricular de Ingeniería Catastral y Geodesia, Navegación satelital en la Maestría en Ciencias de la Información y las comunicaciones en la **Facultad de Ingeniería** de la **Universidad Distrital Francisco José de Caldas.**

Jaime Antonio Benítez forero

Magister en docencia, Especialista en Bioingeniería, Ingeniero Electrónico, **Profesor Asociado** de las asignaturas de Bioingeniería en el proyecto curricular de Ingeniería Electrónica, y Seminario de investigación en la Maestría en ingeniería industrial de la **Facultad de Ingeniería** de la **Universidad Distrital Francisco José de Caldas.**

INTRODUCCIÓN

En el presente son muchas las aplicaciones del uso de coordenadas, la captura de estas por medio del uso de las técnicas satelitales hace que sean más rápidas, su post_proceso en programas especializados tanto comerciales como científicos son una herramienta útil para dar un nivel de confianza acorde con los trabajos de topografía, cartografía, geofísica y sensores remotos.

De tal forma que se puede pensar en una aproximación a lo que es la geodesia, diciendo que es la ciencia que estudia la forma, dimensiones y campo de gravedad terrestre. su utilidad radica en que con su estudio se puede representar cartográficamente grandes territorios.

 De esta manera, se puede clasificar esta rama del saber en:

- Geodesia geométrica: estudia la forma geométrica y dimensiones de la Tierra utilizando para ello la medición de ángulos y distancias en la construcción de redes geodésicas para obtener las coordenadas de los puntos de estudio.
- Geodesia física: estudia el campo de gravedad terrestre, partiendo de las mediciones del mismo. Entre los problemas que trata de resolver se hallan las desviaciones de la vertical, y los problemas de reducción.
- Geodesia astronómica: estudia los métodos que permiten determinar las coordenadas de puntos sobre la superficie terrestre denominados Dátum, sobre los cuales se basan los cálculos de redes geodésicas

Permitiendo que los datos colectados por este medio sean de vital importancia para nivel científico así como también en el campo aplicado de la ingeniería. Debido a que el trabajo de campo inicial es el soporte para futuros proyectos que involucren cartografía, sistemas de información geográfica y manejo ambiental de los recursos del país.

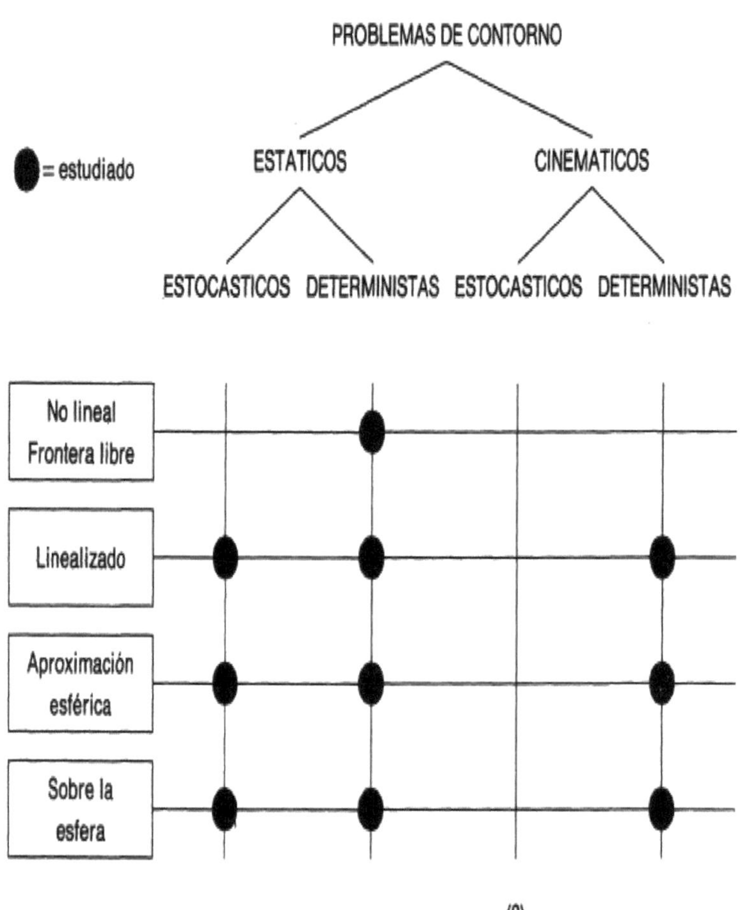

Figura 1 Los problemas de contorno en la geodesia.

Dado que se requiere el conocimiento de la formulación y conocimiento matemático y conceptual de la superficie de referencia sobre la cual se realizara el trabajo del posicionamiento. El esquema nos ilustra de una mejor manera la presentación de la geodesia en el presente.

CAPITULO 1. SISTEMAS DE REFERENCIA

Iniciar el estudio del posicionamiento utilizando técnicas satelitales, se precisa tener un conocimiento básico sobre algunos conceptos necesarios para responder al trabajo sobre el posicionamiento por técnicas tradicionales así como también con técnicas satelitales. Ya que el trabajo de campo inicial es el soporte para futuros proyectos que involucren cartografía, sistemas de información geográfica y manejo ambiental de los recursos del país. Por eso el topógrafo y el geodesta deben preguntarse:

Figura 1. 1 Esquema de la reflexión del posicionamiento en Geodesia.

Una presentación más formal de un sistema de referencia es "La definición de parámetros, modelos y constantes que sirven para la descripción del estado de los procesos físicos y geométricos de la Tierra", algunos ejemplos son el sistema ortogonal Cartesiano, sistema Ecuatorial (horario, local).Inicialmente, Consideremos una distribución de masa, cada partícula está representada de acuerdo a su masa, ahora ubiquemos las masas en cualquier sistema de coordenadas. Una partícula cualquiera puede especificarse mediante un par de números (x, y).

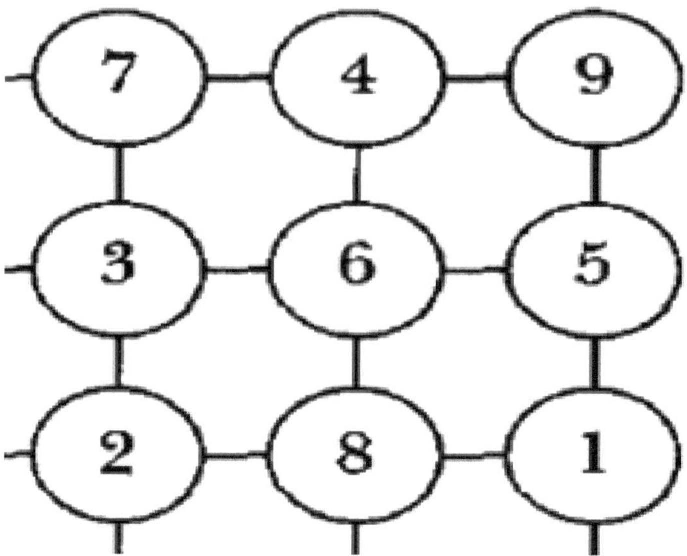

Figura 1. 2 Representación de una distribución de masas.

De tal forma que una masa ubicada en un plano de coordenadas se pueda representar en la forma

$$M(x, y) \tag{1.1}$$

Como ejemplo, se tiene

$$M(x = 2, y = 3) = 4Kg$$

Tal como se muestra en la figura 1.3

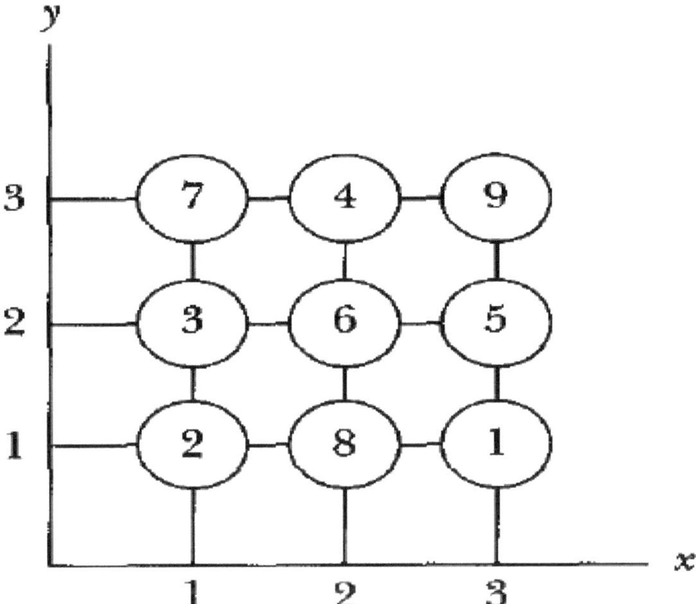

Figura 1. 3 Distribución de masas en un sistema de coordenadas

Consideremos, que el sistema gira un ángulo θ. Note que ahora la masa de 4 Kg está ubicada en las coordenadas (x´, y´) del sistema rotado X´Y´.

Las nuevas coordenadas en el sistema X´Y´ corresponden

$$x'=4, y'=3.5$$
$$M(x'=4, y'=3.5)=4Kg$$

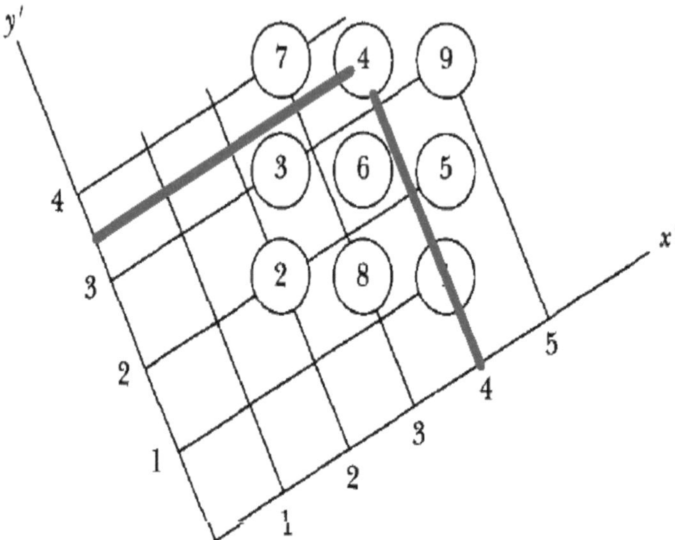

Figura 1. 4 Distribución de masas en un sistema de coordenadas rotado.

Entonces, se puede establecer

$$M\,(x'= 4,\, y'= 3.5) = M\,(x, y) = 4\,Kg$$

La partícula con masa no se afecta al realizar el cambio de coordenadas, esto quiere decir que una cantidad que permanece invariante ante la transformación de sistemas de coordenadas son se les conoce como escalares, y obedecen a las estructura matemática de

$$M\,(x', y') = M\,(x, y) \tag{1.2}$$

Cuando describimos una cantidad como la masa, temperatura o la rapidez de una partícula relativa a cualquier sistema de coordenadas por el mismo número, estamos hablando de una cantidades escalares. Algunas propiedades de la partícula como la dirección del movimiento, la fuerza que actúa sobre ella. No pueden especificarse de una manera simple, la

descripción de ese comportamiento requiere el uso de vectores, este solo

puede definirse en términos de las propiedades de las transformaciones.

Suponga, un punto de coordenadas $P(x_1, x_2)$ en un sistema de coordenadas

(X, Y).

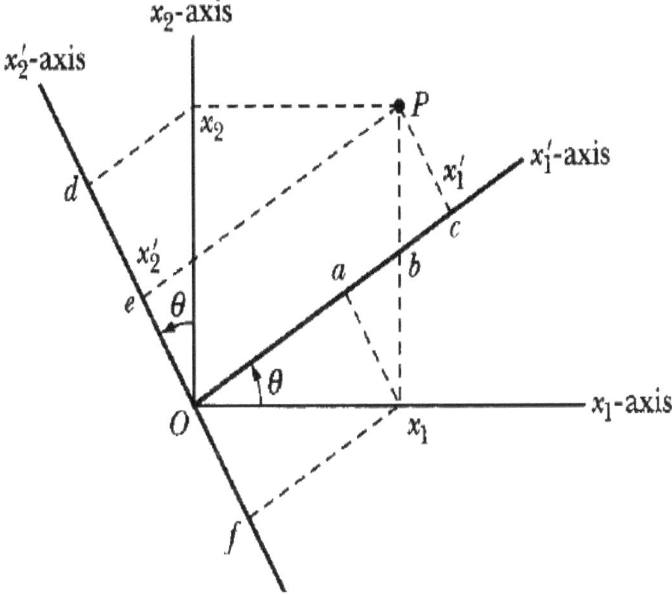

Figura 1. 5 Punto de coordenadas $P(x_1, x_2)$ en un sistema de coordenadas (X, Y).

Consideremos un nuevo sistema, generado a partir del sistema inicial

mediante una rotación. Las coordenadas del punto ante el nuevo sistema

(x'_1, x'_2). El nuevo x'_1 es la suma de las proyecciones de x_1 sobre el eje x´,

es decir el segmento de recta Oa, más la proyección de x_2 en el mismo eje

(segmento ab +bc).

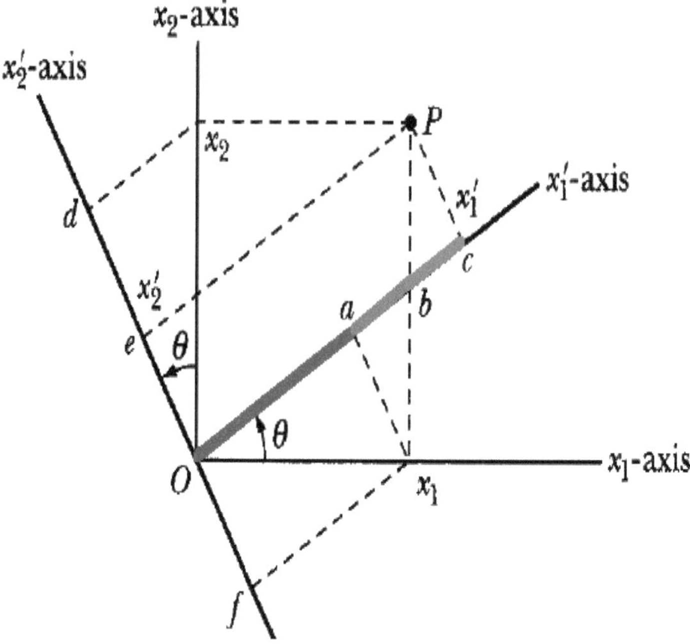

Figura 1. 6 Descripción geométrica de un punto de coordenadas P(x₁, x₂) en un sistema de coordenadas (X, Y).

Las coordenadas x′₁ se puede obtener mediante

$$x_1' = x_1\ Cos\theta + x_2\ Sen\theta \qquad (1.3)$$

De acuerdo con

$$Cos\left(\frac{\pi}{2} - \theta\right) = Cos\frac{\pi}{2} Cos\theta + Sen\frac{\pi}{2} Sen\theta \qquad (1.4)$$

$$x_1' = x_1\ Cos\theta + x_2\ Cos\left(\frac{\pi}{2} - \theta\right) \qquad (1.5)$$

Para el punto x′₂, se tiene la suma de proyecciones

$$x_2' = \overline{OD} - \overline{de} = \overline{OD} - \overline{Of} \qquad (1.6)$$

$$x_2' = -x_1\ Sen\theta + x_2 Cos\theta \qquad (1.7)$$

$$x_2' = x_1 \; Cos\left(\frac{\pi}{2} + \theta\right) + x_2 \; Cos\,\theta \tag{1.8}$$

El ángulo entre los sistemas coordenados

$$\left(x_1{}',x_1\right) \tag{1.9}$$

Ahora se puede definir un conjunto de números

$$\lambda_{i,j} = Cos\,(x'_1,x_1) \tag{1.10}$$

De acuerdo con el diagrama

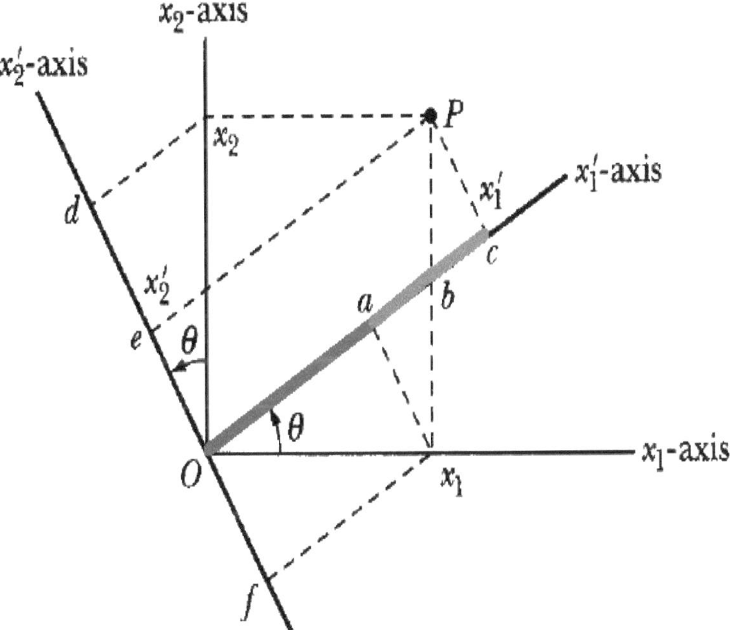

Figura 1. 7 Los cosenos directores para el punto P.

Los ángulos respectivos están dados de acuerdo con

$$\lambda_{1,1} = Cos\,(x'_1,x_1) = Cos\,\theta \tag{1.11}$$

$$\lambda_{1,2} = Cos\,(x'_1, x_2) = Cos\,(\tfrac{\pi}{2} - \theta) = Sen\,\theta \tag{1.12}$$

$$\lambda_{2,1} = Cos(x'_2, x_1) = Cos\left(\frac{\pi}{2} + \theta\right) = -\,Sen\theta \tag{1.13}$$

$$\lambda_{2,2} = Cos\,(x'_2, x_2) = Cos\,\theta \tag{1.14}$$

Entonces las ecuaciones de transformación para las coordenadas en el sistema rotado corresponden

$$\begin{cases} x_1' = x_1\,Cos\,(x'_1, x_1) + x_2\,Cos\,(x'_1, x_2) \\ \qquad x'_1 = x_1\,\lambda_{11} + x_2\,\lambda_{12} \\ x_2' = x_1\,Cos\,(x'_2, x_1) + x_2\,Cos\,(x'_2, x_2) \\ \qquad x'_2 = x_1\,\lambda_{21} + x_2\,\lambda_{22} \end{cases} \tag{1.15}$$

Generalizando las coordenadas en el sistema X´Y´Z´, para 3D se tiene:

$$\begin{cases} x'_1 = x_1\,\lambda_{11} + x_2\,\lambda_{12} + +x_3\,\lambda_{13} \\ x'_2 = x_1\,\lambda_{21} + x_2\,\lambda_{22} + +x_3\,\lambda_{23} \\ x'_3 = x_1\,\lambda_{31} + x_2\,\lambda_{32} + +x_3\,\lambda_{33} \end{cases} \tag{1.16}$$

Las ecuaciones de las coordenadas se pueden generalizar en la forma

$$x'_i = \sum_{j=1}^{3} x_j\,\lambda_{ij} \tag{1.17}$$

Se puede además obtener la transformada inversa del sistema mediante

$$x_i = \sum_{j=1}^{3} x'_j\,\lambda_{ji}$$

$$\tag{1.18}$$

En términos de sus cosenos directores

$$x_1 = x'_1 \, Cos(x'_1, x_1) + x'_2 \, Cos(x'_2, x_1) + + x'_3 \, Cos(x'_3, x_1) \qquad (1.19)$$

Las cantidades λ_{ij} son conocidos como los cosenos directores de x'_i relativos a x_j , así que el arreglo matricial de los cosenos directores se puede expresar como

$$\lambda_{ij} = \begin{bmatrix} \lambda_{11} & \lambda_{12} & \lambda_{13} \\ \lambda_{21} & \lambda_{22} & \lambda_{23} \\ \lambda_{31} & \lambda_{32} & \lambda_{33} \end{bmatrix} \qquad (1.20)$$

Una vez explorado lo concerniente a los conceptos de escalar y vectores, podemos abordar el tema que nos concierne en este momento como es la definición de sistema de referencia que actualmente se usa en la Geodesia.

Esta corresponde a la definición de parámetros, modelos y constantes que sirven para la descripción del estado de los procesos físicos y geométricos de la Tierra. Algunos ejemplos son el sistema ortogonal Cartesiano, sistema Ecuatorial (horario, local).

1.1 Sistema de referencia convencional

Asume las direcciones de los ejes de forma arbitraria. Este sistema tiene una clasificación que corresponde con:

1.1.1 Sistema de referencia cuasi- inercial

Son aquellos en los cuales se tiene en cuenta la aceleración lineal del
sistema (el tiempo varia con el punto de observación, dependencia del
tiempo con respecto a los campos gravitacionales).

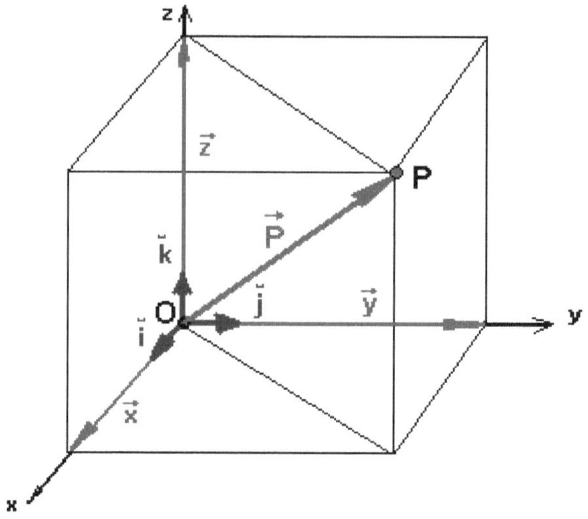

Figura 1. 8 Sistema ortogonal de coordenadas.

1.1.2 Sistema de referencia inercial

Este es un sistema sin aceleración (aceleración de cero) de traslación y de
rotación (lo cual quiere decir que su movimiento es uniforme rectilíneo
(MUR), el cambio en la magnitud de su movimiento es proporcional a la
fuerza que mueve el cuerpo para el cual se cumplen todas las leyes físicas.
Estos se pueden clasificar en:

1.1.2.1 Sistema de espacio fijo

Se utiliza para describir el movimiento del satélite. Aquí tenemos el sistema inercial convencional CIS (Conventional inertial system) y dentro de este encontramos el sistema de referencia celeste CRS (Celestial reference system) definido por convenciones apropiadas que tienen en cuenta el movimiento de la Tierra y de otros cuerpos celestes, razón por la cual el movimiento de estos cuerpos deben referirse respecto a un sistema inercial. El CRS está definido por el CIS. Dentro del CRS se introduce el TRS (sistema de referencia terrestre) el cual sirve para la navegación y el posicionamiento sobre la superficie terrestre.

Así como también para la descripción del campo de gravedad terrestre como otro parámetro físico definido como sistema de coordenadas geocéntrico, cuya orientación varía con el tiempo respecto a una Tierra sólida considerada como un sistema de referencia celeste. Estos sistemas son caracterizados por las leyes de movimiento de Newton, mediante un movimiento uniforme rectilíneo. El **IRS** (Servicio de rotación terrestre internacional) es el ente encargado de la determinación de los parámetros de orientación terrestre y las respectivas funciones de tiempo, utilizando técnicas como:

> **Interferometría de lineas base muy largas VLBI**

También conocida como Interferometría de muy larga base IMLB, da información sobre los fenómenos de precesión y nutación así como también el movimiento polar y el tiempo universal.

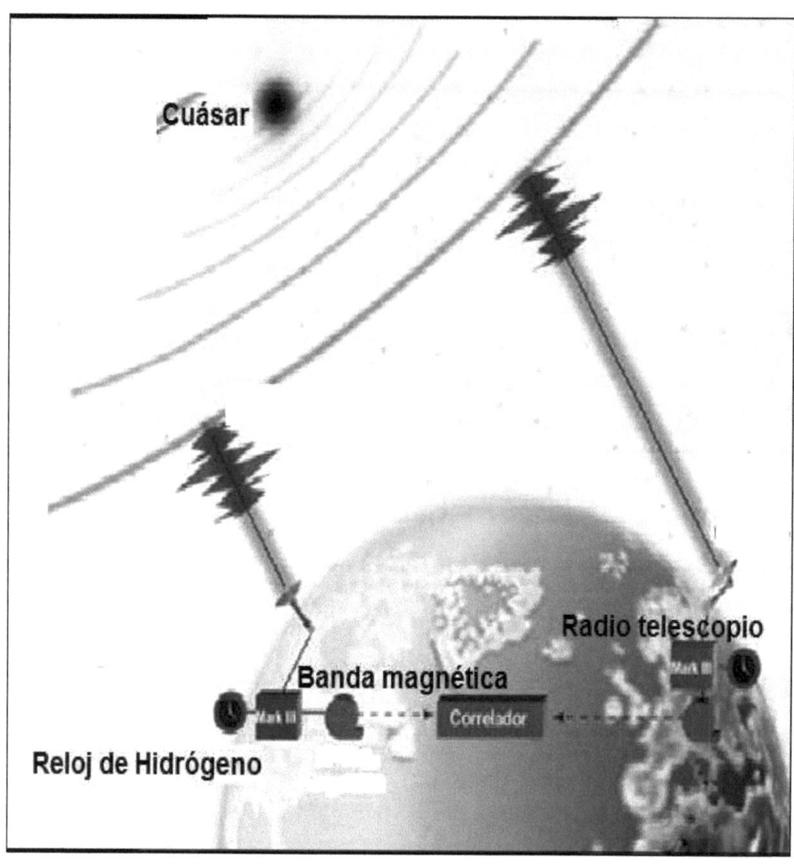

Figura 1. 9 Sistema de posicionamiento utilizando la técnica VLBI.

http://www.fomento.es/MFOM/LANG_CASTELLANO/DIRECCIONES_GENERALES/INSTITUTO_
GEOGRAFICO/Astronomia/Investigacion/vlbi/default.htm.

La técnica de la Interferometría de líneas base muy largas, consiste en la observación de un objeto celeste simultáneamente con un conjunto de radiotelescopios que se localizan en sitios muy distantes entre si. La luz proveniente del cuerpo celeste es recibida por cada radiotelescopio pero en tiempos ligeramente diferentes debido a su posición sobre la superficie terrestre. El patrón de interferencia (franjas) permite a la red de radiotelescopios que se comporten como un único instrumento.

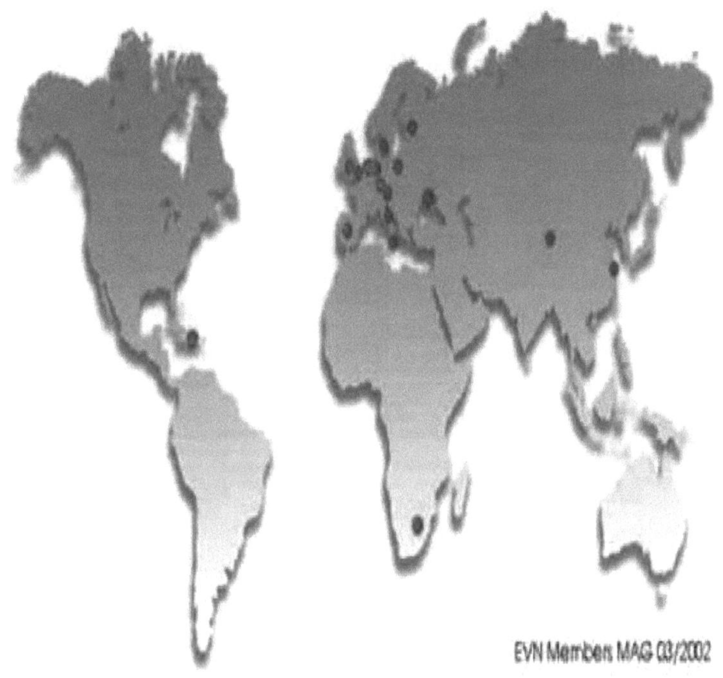

Figura 1. 10 Ubicación de antenas receptoras en el mundo.

> **DORIS** (Doppler orbitography radio positioning integrated satellite).

Mediante la determinación de orbitas de satélites por radio posición y efecto doppler (Variación de la frecuencia percibida debido al movimiento relativo de la fuente y/o el observador). El cual es un sistema de orbitografia por radio posicionamiento Doppler, este consta de un segmento espacial que lo conforman receptores a bordo de vehículos espaciales, estos reciben señales de 51 balizas localizadas en la superficie de la tierra. Las estaciones terrenas emiten en frecuencias la de subida en 2036.25 Mhz (para la medición del efecto Doppler) y 401.25 Mhz para la corrección del retardo ionosférica. El receptor en el satélite mide la variación de frecuencia percibida, debido al movimiento relativo de la fuente y o el observador

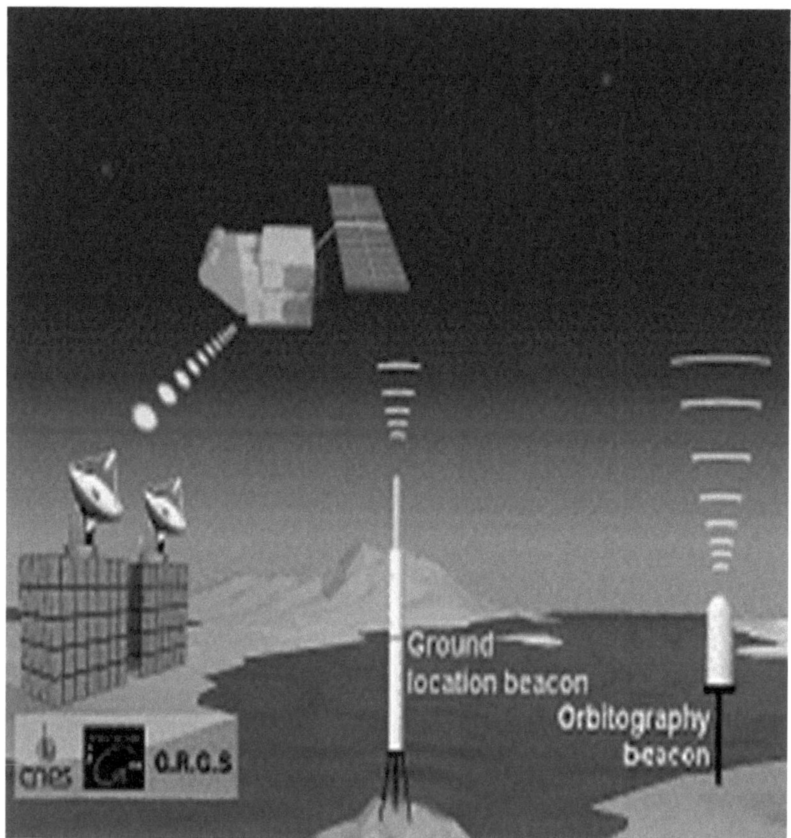

Figura 1. 11 Posicionamiento mediante el sistema Doris.

> **Sistema de posicionamiento global GPS**

Utiliza la captura de una señal electromagnética en un receptor de GPS, de determinada frecuencia. Con la cual puede llegar a obtenerse una triangulación y por ende la medición del seudo rango o distancia entre el satélite de la constelación y el receptor. Para este objetivo se necesitan mínimo tres señales de tres satélites y una cuarta señal para involucrar el tiempo y eliminar ambigüedades.

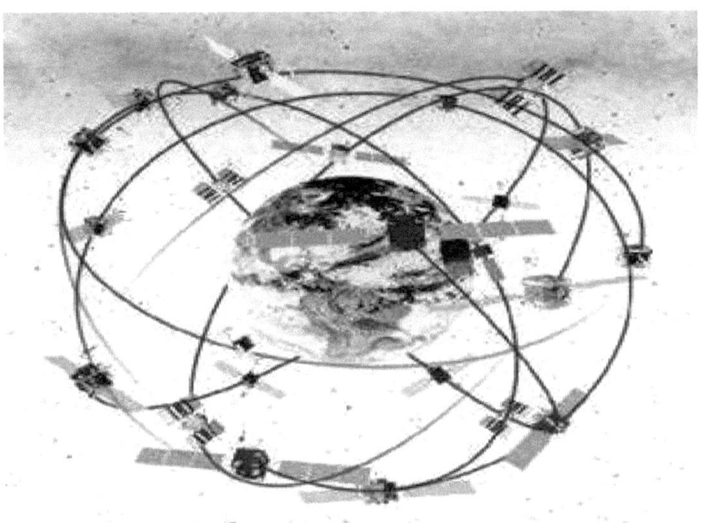

Figura 1. 12 Esquema de la Constelación satelital Navstar.

http://www.xatakaciencia.com/tecnologia/fundamentos-del-gps

> ➤ **LLR** (Lunar Láser Ranging)

Conocido como la medición de distancia lunar por medio de un láser (Lunar Láser ranging) .Mide el tiempo de ida y vuelta de un pulso laser entre las estaciones ubicadas en la superficie terrestre a alguno de los cuatro reflectores emplazados en la superficie lunar por las misiones Apolo (USA) y Lunakhog (URSS).

1.1.2.2 Sistema de tierra fija

Es un sistema de coordenadas de referencia terrestre cartesiano con origen en el centro de masas del planeta (incluyendo la atmósfera y la hidrosfera), su eje Z define el polo Norte convencional siendo perpendicular al plano ecuatorial. Debido al movimiento de la Tierra (precesión y nutación) este incluye un eje medio rotacional.

Figura 1. 13 Observatorio Lunar Laser Ranging Station at the University of Texas McDonald Observatory.

(Tomado de: Photo by Randall L. Ricklefs/McDonald Observatory).

Este sistema se conoce como C. T. S (sistema terrestre convencional = conventional terrestrial system), y sirve para la descripción de la posición de la estación de observación y la descripción de los resultados de la Geodesia Satelital. Podemos resumir lo anterior, de acuerdo a los esquemas conceptuales:

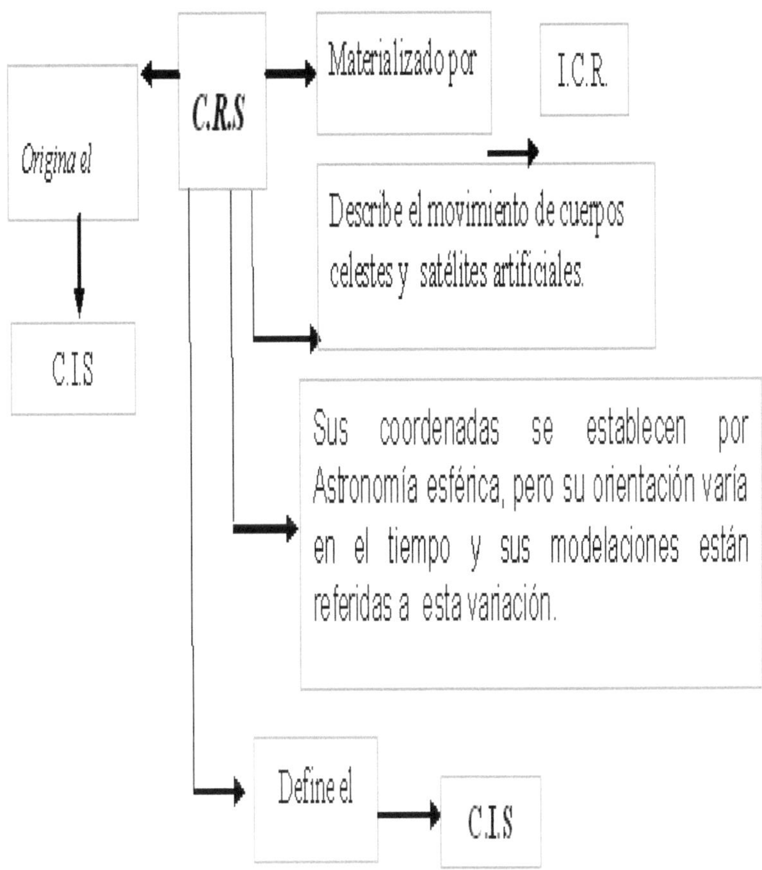

Figura 1. 14 Esquema conceptual del CRS.

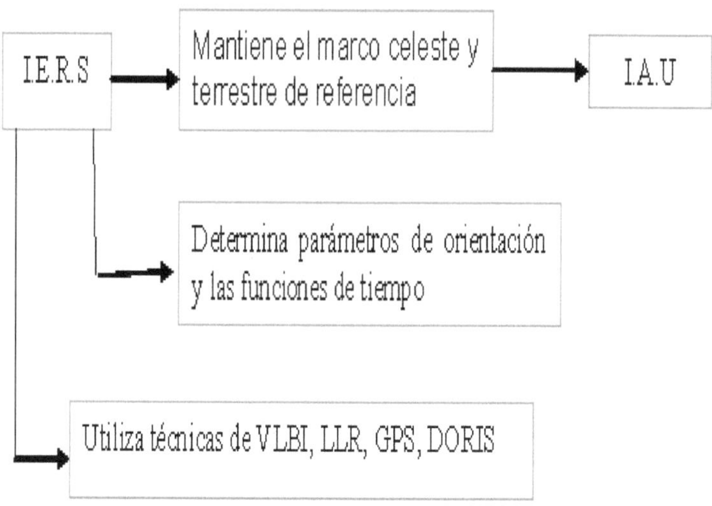

Figura 1. 15 Esquema conceptual de la función del IERS.

La jerarquía de los sistemas de referencia con sus respectivos vectores principales y aplicación se presentan en la tabla #3.

Tabla 1 Jerarquía de los sistemas de referencia.

clase	*vector principal*	*aplicación*
Sistema de observación local	• Visual **v** • Gravedad **g**	Medición de dirección y distancias
Sistema de horizonte regional	• Gravedad **g** • Rotación **ω**	Redes terrestres
Sistema Eclíptico Heliocéntrico	• **P. V. E γ** • Polo eclíptico **ψ**	Astronomía óptica
Sistema Ecuatorial Global	Rotación **ω** **P. V. E γ**	Geodesia Satelital

1.2 Sistema cartesiano y sus transformaciones

Para un sistema de referencia ortogonal (X, Y, Z) y un punto (x, y, z), se realiza un giro de ángulo γ alrededor del eje Z, de tal forma que **Z = Z′**,

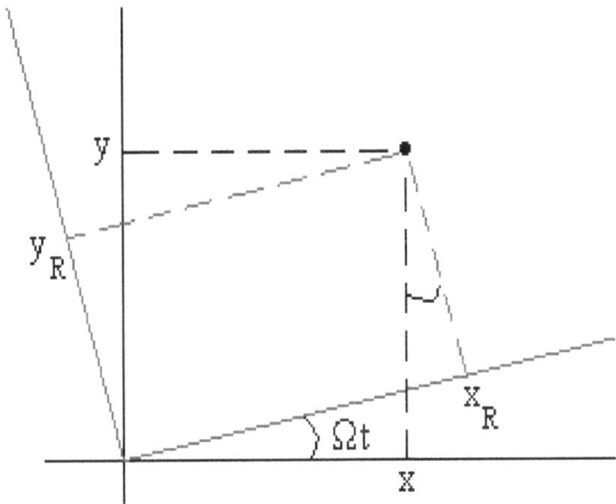

Figura 1. 16 Vector posición r en el sistema XY y r′ en el sistema X′ Y′.

Se realiza un giro de ángulo γ alrededor del eje Z, de tal forma que **Z = Z′**, entonces la posición de **p** en términos vectoriales corresponde con:

$$\vec{r}_p = x\hat{\imath} + y\hat{\jmath} + z\hat{k} = \begin{bmatrix} x_p \\ y_p \\ z_p \end{bmatrix} \tag{1.21}$$

La posición inicial (vector posición) del punto p(x, y) y sus ángulos directores α, γ. Si el sistema rígido ha rotado, su nueva descripción en términos de sus ángulos directores α′, β′, γ′ y su matriz de rotación en el sistema que ha rotado es:

$$\vec{r'}_p = \begin{bmatrix} x'_p \\ y'_p \\ z'_p \end{bmatrix} = \begin{pmatrix} Cos\gamma & -Sen\gamma & 0 \\ Sen\gamma & Cos\gamma & 0 \\ 0 & 0 & 1 \end{pmatrix} \begin{bmatrix} x_p \\ y_p \\ z_p \end{bmatrix} \tag{1.22}$$

Donde $\underline{\mathbf{R}}_3$ es la matriz de rotación, en la ecuación (2.22).

$$\vec{r_p}'' = R_3 \vec{r} \qquad (1.23)$$

Para ver más en detalle la relación matemática, supongamos un sistema ortogonal XY:

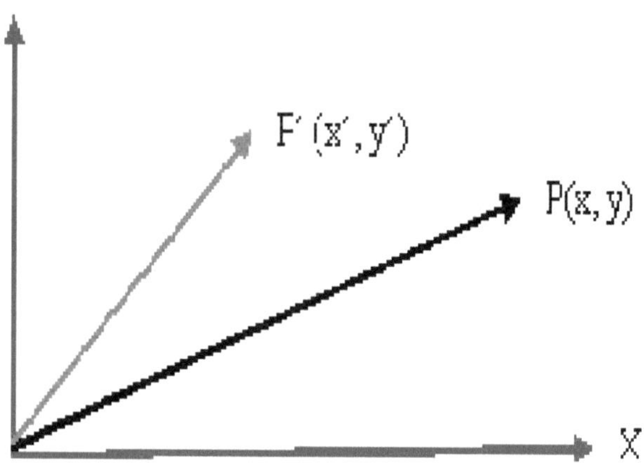

Figura 1. 17 Rotación del vector posición r.

La posición inicial del vector **r** está dado por:

$$\vec{r}_p = x\hat{\imath} + y\hat{\jmath} + z\hat{k} \qquad (1.24)$$

Sí **r** se puede expresar en términos de sus cósenos directores, la forma es:

$$\vec{r}_p = r\,Cos\,\alpha\,\hat{\imath} + r\,Sen\,\alpha\hat{\jmath} \qquad (1.25)$$

$$\gamma = \beta - \alpha \qquad (1.25.1)$$

El nuevo vector, una vez realizada la rotación en el sistema fijo es:

$$\vec{r}'_p = \begin{pmatrix} x'_p \\ y'_p \end{pmatrix} = \begin{bmatrix} Cos\gamma & -Sen\gamma \\ Sen\gamma & Cos\gamma \end{bmatrix} \begin{pmatrix} x_p \\ y_p \end{pmatrix} \qquad (1.26)$$

Entonces, el vector rotado tiene en el sistema original XYZ las coordenadas que corresponden a:

$$R_1(\alpha) = \begin{bmatrix} 1 & 0 & 0 \\ 0 & Cos\alpha & Sen\alpha \\ 0 & -Sen\alpha & Cos\alpha \end{bmatrix} \qquad (1.27)$$

$$R_2(\alpha) = \begin{bmatrix} Cos\alpha & 0 & Sen\alpha \\ 0 & 1 & 0 \\ -Sen\alpha & 0 & Cos\alpha \end{bmatrix} \qquad (1.27.1)$$

$$R_3(\alpha) = \begin{bmatrix} Cos\alpha & Sen\alpha & 0 \\ -Sen\alpha & Cos\alpha & 0 \\ 0 & 0 & 1 \end{bmatrix} \qquad (1.27.2)$$

En el sistema rotado X´Y´Z´ las matrices son:

$$R_1(\alpha) = \begin{bmatrix} 1 & 0 & 0 \\ 0 & Cos\alpha & -Sen\alpha \\ 0 & Sen\alpha & Cos\alpha \end{bmatrix} \qquad (1.28)$$

$$R_2(\alpha) = \begin{bmatrix} Cos\alpha & 0 & -Sen\alpha \\ 0 & 1 & 0 \\ Sen\alpha & 0 & Cos\alpha \end{bmatrix} \qquad (1.28.2)$$

$$R_3(\alpha) = \begin{bmatrix} Cos\alpha & -Sen\alpha & 0 \\ Sen\alpha & Cos\alpha & 0 \\ 0 & 0 & 1 \end{bmatrix} \qquad (1.28.3)$$

Finalmente, si se tiene una rotación para los tres ángulos, alrededor de los ejes XYZ respectivamente se tiene una rotación del vector posición que se puede representar como:

$$\vec{r'}_p = R\,\vec{r} = R_1 R_2 R_3 \vec{r} \qquad (1.29)$$

En Geodesia satelital los ángulos de rotación son muy pequeños, por lo que se tiene que; $Cos\gamma \cong 1$ y $Sen\alpha \cong \alpha$, de tal forma que la matriz **R**, queda en los términos:

$$R = \begin{bmatrix} 1 & \gamma & \beta \\ \gamma & 1 & \alpha \\ \beta & -\alpha & 1 \end{bmatrix} \qquad (1.30)$$

La matriz de rotación que se utiliza corresponde a la forma siguiente:

$$R_{313}^{\Omega i \omega} = \begin{bmatrix} Cos\,\Omega Cos\,\omega - Sen\,\Omega\,Cosi\,Sen\,\omega & -Cos\,\Omega Sen\,\omega - Sen\,\Omega\,Cosi\,Cos\,\omega & Sen\,\Omega\,Sen\,i \\ Sen\,\Omega Cos\,\omega + Cos\,\Omega\,Cosi\,Sen\,\omega & -Sen\,\Omega\,Sen\,\omega + Cos\,\Omega\,Cos\,i\,Cos\,\omega & -Cos\,\Omega\,Sen\,i \\ Seni\,Sen\,\omega & Cos\,\Omega\,Seni & Cos\,i \end{bmatrix}$$

Siendo R la matriz de rotación para calcular las coordenadas siderales del satélite, con los elementos Keplerianos de la órbita: ascensión recta del nodo ascendente del satélite **Ω**, inclinación **i**, argumento del periapsis **ω**. Finalmente obtenemos la matriz **R= R$_3$ (Ω)* R$_1$ (I)* R$_3$ (ω)**, para obtener la ecuación ***r= R* r´***

Finalmente lo que se debe agregar son las respectivas propiedades matriciales:

➤ La rotación de un vector no hace que la magnitud del vector cambie.
➤ La multiplicación de matrices no es conmutativa R$_1$*R$_2$ ≠R$_2$ * R$_1$.
➤ La multiplicación de matrices en rotación alrededor del mismo eje es aditiva.
➤ La inversa de un producto de matrices es igual al producto de las matrices inversas.
➤ La matriz inversa y la matriz transpuesta son iguales.

Ejercicio # 1.1

Sean los ejes 0-X$_2$Y$_2$Z$_2$ los ejes ligados a un sólido, en el instante inicial de t=0, coinciden con los ejes fijos O-X$_1$Y$_1$Z$_1$, se gira el sólido un ángulo de $\frac{\pi}{4}$ alrededor de su eje 0-Z$_2$ y luego otro ángulo $\frac{\pi}{4}$ alrededor de 0-X$_2$, obtenga la matriz de giro proyectando directamente los vectores unitarios.

Obtener la misma matriz mediante la composición de dos giros.

Solución: En el instante en que se gira el sólido, se tiene:

- 0-$X_2Y_2Z_2$ los ejes ligados a un solido
- ejes fijos O-$X_1Y_1Z_1$

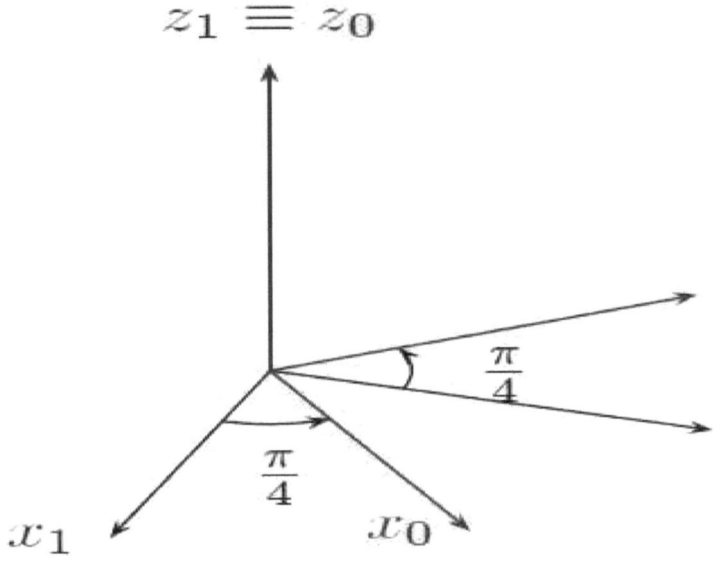

Tomando la matriz de rotación, para el giro 0-Z_2

$$R_3 = \begin{bmatrix} Cos\theta & -Sen\theta & 0 \\ Sen\theta & Cos\theta & 0 \\ 0 & 0 & 1 \end{bmatrix} = \begin{bmatrix} Cos\dfrac{\pi}{4} & -Sen\dfrac{\pi}{4} & 0 \\ Sen\dfrac{\pi}{4} & Cos\dfrac{\pi}{4} & 0 \\ 0 & 0 & 1 \end{bmatrix}$$

Para el giro alrededor de 0-X_2

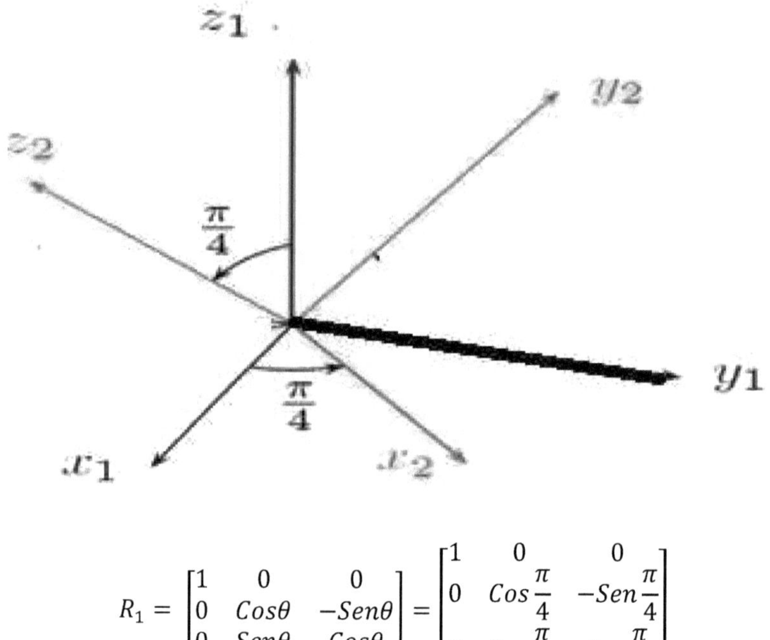

$$R_1 = \begin{bmatrix} 1 & 0 & 0 \\ 0 & Cos\theta & -Sen\theta \\ 0 & Sen\theta & Cos\theta \end{bmatrix} = \begin{bmatrix} 1 & 0 & 0 \\ 0 & Cos\dfrac{\pi}{4} & -Sen\dfrac{\pi}{4} \\ 0 & Sen\dfrac{\pi}{4} & Cos\dfrac{\pi}{4} \end{bmatrix}$$

El giro completo, o lo que se puede entender como el cambio de actitud, corresponde a:

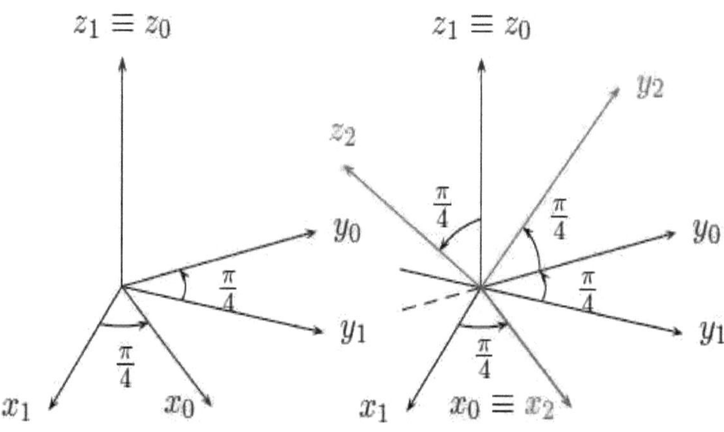

Realizando el producto de matrices de rotación se encuentra la nueva actitud (orientación) del sólido.

$$R_3R_1 = \begin{bmatrix} Cos\dfrac{\pi}{4} & -Sen\dfrac{\pi}{4} & 0 \\ Sen\dfrac{\pi}{4} & Cos\dfrac{\pi}{4} & 0 \\ 0 & 0 & 1 \end{bmatrix} * \begin{bmatrix} 1 & 0 & 0 \\ 0 & Cos\dfrac{\pi}{4} & -Sen\dfrac{\pi}{4} \\ 0 & Sen\dfrac{\pi}{4} & Cos\dfrac{\pi}{4} \end{bmatrix}$$

$$R_3R_1 = \begin{bmatrix} \dfrac{\sqrt{2}}{2} & -\dfrac{1}{2} & \dfrac{1}{2} \\ \dfrac{\sqrt{2}}{2} & \dfrac{1}{2} & -\dfrac{1}{2} \\ 0 & \dfrac{\sqrt{2}}{2} & \dfrac{\sqrt{2}}{2} \end{bmatrix}$$

Si comprobamos que es ortogonal, entonces

$$(R_3R_1) * (R_3R_1)^t = \begin{bmatrix} \dfrac{\sqrt{2}}{2} & -\dfrac{1}{2} & \dfrac{1}{2} \\ \dfrac{\sqrt{2}}{2} & \dfrac{1}{2} & -\dfrac{1}{2} \\ 0 & \dfrac{\sqrt{2}}{2} & \dfrac{\sqrt{2}}{2} \end{bmatrix} * \begin{bmatrix} \dfrac{\sqrt{2}}{2} & \dfrac{\sqrt{2}}{2} & 0 \\ -\dfrac{1}{2} & \dfrac{1}{2} & \dfrac{\sqrt{2}}{2} \\ \dfrac{1}{2} & -\dfrac{1}{2} & \dfrac{\sqrt{2}}{2} \end{bmatrix} = \begin{bmatrix} 1 & 0 & 0 \\ 0 & 1 & 0 \\ 0 & 0 & 1 \end{bmatrix}$$

Ejercicio # 1.2

Sean los ejes $0\text{-}X_2Y_2Z_2$ los ejes ligados a un sólido, en el instante inicial de t=0, coinciden con los ejes fijos $O\text{-}X_1Y_1Z_1$.

➢ Se gira el sólido 90° alrededor de $0\text{-}X_2$, luego solido 90° alrededor de $0\text{-}Y_2$ obtener la nueva posición del sólido.

➢ Con el sólido en posición original ,se dan los mismos giros pero en orden inverso, obtener la matriz de giro

➢

Solución: inicialmente se gira el sólido 90° alrede dor de $0\text{-}X_2$, luego alrededor de $0\text{-}Y_2$

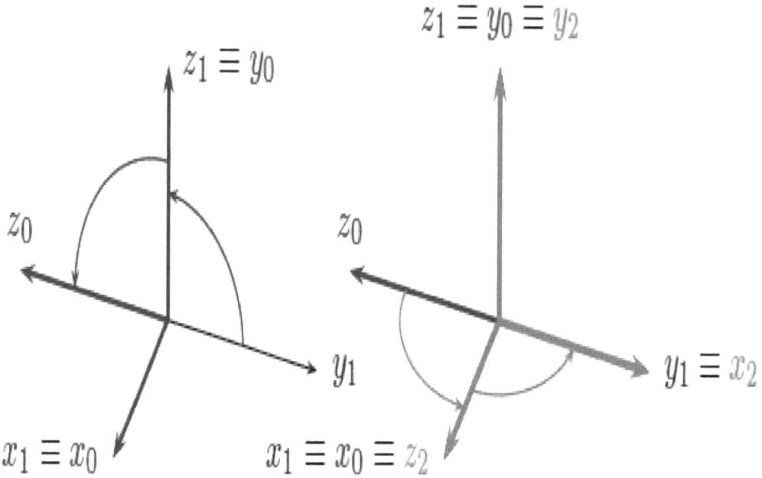

La matriz de rotación, para 0-X_2

$$R_1 = \begin{bmatrix} 1 & 0 & 0 \\ 0 & Cos\theta & -Sen\theta \\ 0 & Sen\theta & Cos\theta \end{bmatrix}$$

La matriz de rotación para 0-Y_2

$$R_2 = \begin{bmatrix} Cos\theta & 0 & -Sen\theta \\ 0 & 1 & 0 \\ Sen\theta & 0 & Cos\theta \end{bmatrix}$$

$$R_1 = \begin{bmatrix} 1 & 0 & 0 \\ 0 & 0 & -1 \\ 0 & 1 & 0 \end{bmatrix}$$

$$R_2 = \begin{bmatrix} 0 & 0 & -1 \\ 0 & 1 & 0 \\ 1 & 0 & 0 \end{bmatrix}$$

El producto de matrices de rotación, es:

$$R_1 R_2 = \begin{bmatrix} 1 & 0 & 0 \\ 0 & 0+ & -1 \\ 0 & 1 & 0 \end{bmatrix} * \begin{bmatrix} 0 & 0 & -1 \\ 0 & 1 & 0 \\ 1 & 0 & 0 \end{bmatrix} = \begin{bmatrix} 0 & 0 & -1 \\ -1 & 0 & 0 \\ 0 & 1 & 0 \end{bmatrix}$$

➤ En la segunda parte, con el sólido en posición original , gira el sólido 90° alrededor de 0-Y_2 , luego 90° alrededor de 0-X_2

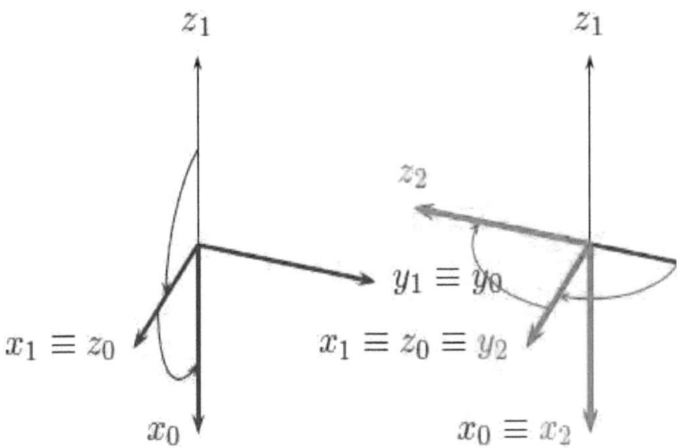

La matriz de rotación, para 0-Y_2

$$R_2 = \begin{bmatrix} Cos\theta & 0 & -Sen\theta \\ 0 & 1 & 0 \\ Sen\theta & 0 & Cos\theta \end{bmatrix}$$

$$R_2 = \begin{bmatrix} 0 & 0 & -1 \\ 0 & 1 & 0 \\ 1 & 0 & 0 \end{bmatrix}$$

La matriz de rotación para 0-X_2

$$R_1 = \begin{bmatrix} 1 & 0 & 0 \\ 0 & Cos\theta & -Sen\theta \\ 0 & Sen\theta & Cos\theta \end{bmatrix}$$

$$R_1 = \begin{bmatrix} 1 & 0 & 0 \\ 0 & 0 & -1 \\ 0 & 1 & 0 \end{bmatrix}$$

El producto de matrices de rotación, es:

$$R_2 R_1 = \begin{bmatrix} 0 & 0 & -1 \\ 0 & 1 & 0 \\ 1 & 0 & 0 \end{bmatrix} * \begin{bmatrix} 1 & 0 & 0 \\ 0 & 0 & -1 \\ 0 & 1 & 0 \end{bmatrix} = \begin{bmatrix} 0 & -1 & 0 \\ 0 & 0 & -1 \\ 1 & 0 & 0 \end{bmatrix}$$

Se Pueden comparar los resultados, si se tiene

$R_1 R_2 = \begin{bmatrix} 1 & 0 & 0 \\ 0 & 0 & -1 \\ 0 & 1 & 0 \end{bmatrix} * \begin{bmatrix} 0 & 0 & -1 \\ 0 & 1 & 0 \\ 1 & 0 & 0 \end{bmatrix}$	$R_2 R_1 = \begin{bmatrix} 0 & 0 & -1 \\ 0 & 1 & 0 \\ 1 & 0 & 0 \end{bmatrix} * \begin{bmatrix} 1 & 0 & 0 \\ 0 & 0 & -1 \\ 0 & 1 & 0 \end{bmatrix}$
$R_1 R_2 = \begin{bmatrix} 0 & 0 & -1 \\ -1 & 0 & 0 \\ 0 & 1 & 0 \end{bmatrix}$	$R_2 R_1 = \begin{bmatrix} 0 & -1 & 0 \\ 0 & 0 & -1 \\ 1 & 0 & 0 \end{bmatrix}$

1.4 Sistemas de referencia en el vehículo espacial

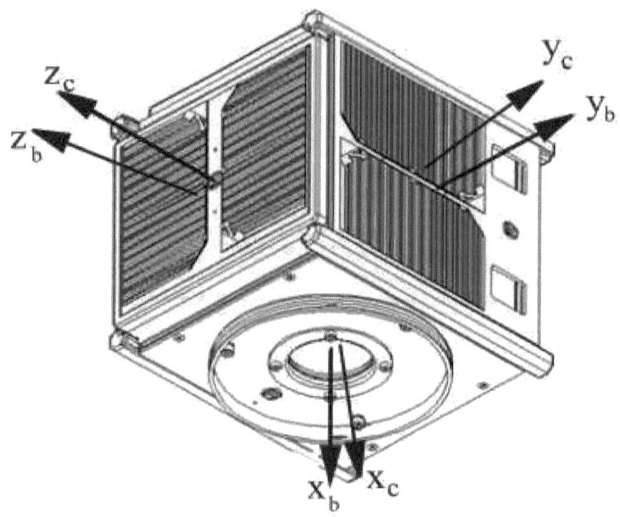

Figura 1. 18 Sistemas de coordenadas del cuerpo (b) y de control (c) en la nave espacial.

Estos son de gran utilidad en el momento de obtener la posición XYZ del satélite en órbita para luego determinar su actitud (orientación). [8], estos son:

> Sistema de coordenadas de control **CCS:** su origen se ubica en el centro de masa del satélite, y su eje de rotación coincide con el eje de máxima inercia.

> Sistema de coordenadas del cuerpo **BCS:** su origen está en el centro de masa de la nave, el eje x apunta hacia la estación terrena.

> Sistema de coordenadas en órbita **OBS:** su origen se coloca en el centro de masa del vehículo espacial, y su eje x en la dirección de centro de masa terrestre.

➤ Sistema de coordenadas de referencia **RCS**: tiene origen en centro de masa del satélite, rota respecto al punto de máxima inercia, el eje x apunta a la dirección del nadir.

1.5 Marco de referencia

Es la materialización de un sistema de coordenadas mediante un juego de entidades físicas y matemáticas. El marco más importante lo constituye el ITRF (International terrestrial reference frame = marco de referencia terrestre internacional), este se obtiene con observaciones continuas en un intervalo de tiempo realizadas sobre las 12 placas tectónicas. Las cuales permiten obtener la deriva de las estaciones y la velocidad relativa de la placa. Se forma a partir de las coordenadas cartesianas XYZ de estaciones observadas con técnicas de posicionamiento VLBI, LLR, SLR, DORIS, GPS.

El sistema convencional de referencia terrestre CTRS es calculado por el IERS, este tiene un origen geocéntrico el cual está situado en el centro de masas del planeta, su eje de rotación está definido por origen internacional convencional (CIO, por sus siglas en inglés) para la época de 1903.3 orientando su eje X hacia el meridano de Greenwich. Es de anotar que este es un sistema rectangular coordenado dextrógiro.

El eje Z, es el polo del CIO y tiene una dirección media del polo determinada a partir de las mediciones de cinco estaciones del ILS (servicio internacional de latitud) durante las épocas 1900.0 Y 1906.0, con esta definición se garantiza la continuidad de un archivo extenso de observación óptica del movimiento polar. Un aspecto teórico muy importante a tener en cuenta es que la escala del ITRF se define de acuerdo con las leyes de la teoría de gravitación de la relatividad. El servicio internacional de rotación terrestre (IERS por sus siglas en inglés) es la entidad encargada de mantener la materialización de los sistemas de referencia, los cuales son recomendados por la Unión Internacional de Astronomía.

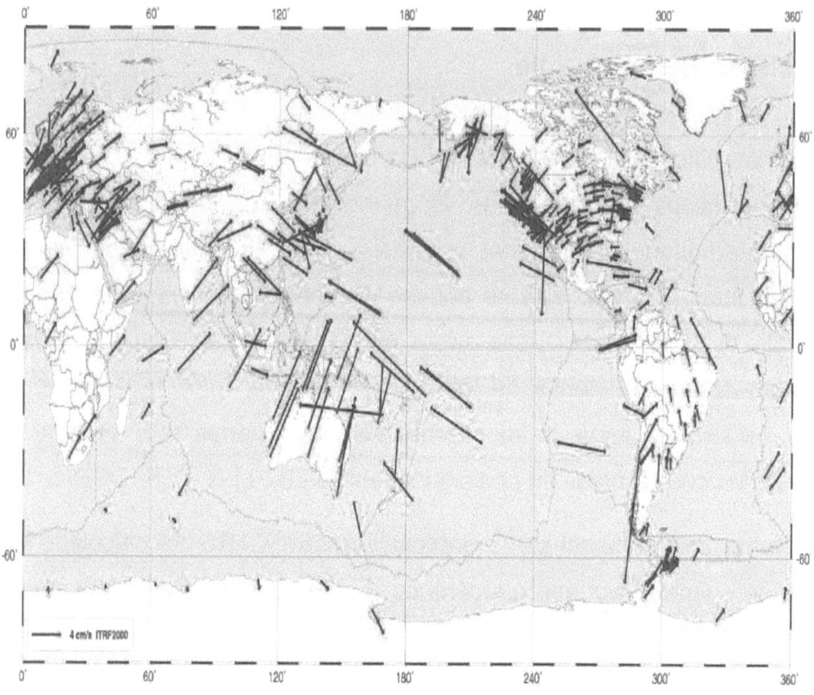

Figura 1. 19 Marco de referencia ITRF 2000 y sus vectores de velocidad.

Fuente:http://www2.igac.gov.co:8080/igac_web/UserFiles/File/MAGNAWEB_final/documentos/tipo
s%20de%20coordenadas.pdf)

1.6 Dátum Geodésico

Establecido por coordenadas astronómicas y desviaciones de la vertical ($\xi=$ componente en el primer vertical, <u>dirección Norte-Sur</u> y $\eta =$ componente en el meridiano <u>dirección Este – Oeste</u>) en los puntos de Laplace utilizando un clinómetro, el cual está basado en el principio de vasos comunicantes. Estos puntos conectan las mediciones con el sistema de referencia obteniendo tamaño y orientación de un elipsoide de referencia. Un ejemplo cercano, es el Dátum WGS 84 orientado respecto a un sistema geocéntrico dado por las

desviaciones de la vertical y las ondulaciones geoidales **N** (h = N ± H, $N = \dfrac{T}{\gamma}$).

El marco de referencia internacional más importante es el ITRF (por sus

siglas en ingles).

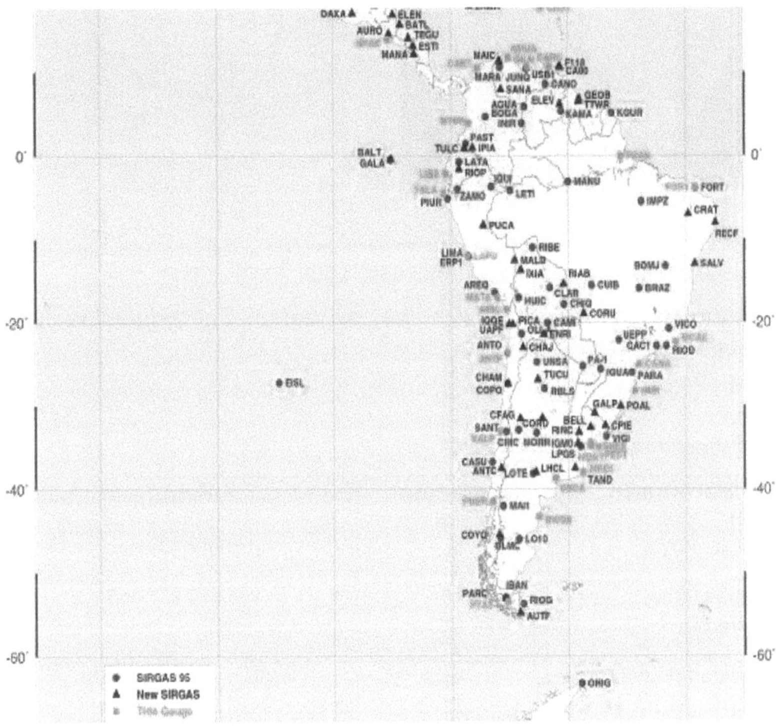

Figura 1. 20 Sistema de referencia para América del sur.

Fuente:http://www2.igac.gov.co:8080/igac_web/UserFiles/File/MAGNAWEB_final/documentos/tipo s%20de%20coordenadas.pdf)

A continuación se tiene la representación de la forma física y matemática de

la de la Tierra:

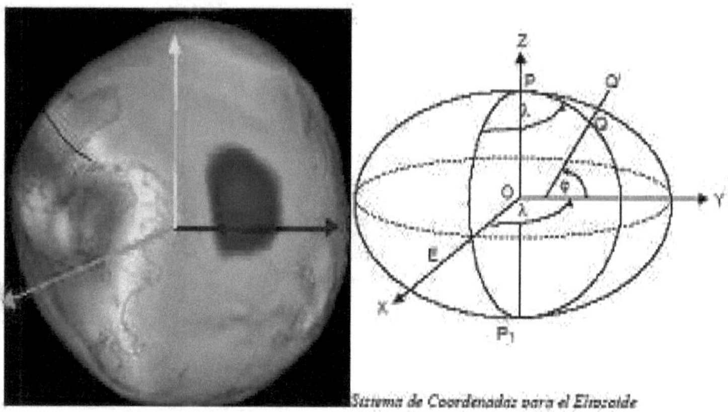

Figura 1. 21 Representación terrestre, Geoide y elipsoide.

Para el modelo elipsoidal WGS 84, se tienen los siguientes los datos presentados en la tabla # 3.

Tabla. 1 Parámetros del modelo WGS 84.

Parámetro	Notación	Valor
semieje mayor	a	6 378 137m
Aplanamiento reciproco	$1/f$	298.257 223 563
Velocidad angular	ω	7 292 115.0 * 10^{-11} rad/s
Constante kepleriana	KM	3 986 004.418 *10^{8} $m^{3}s^{-2}$
Momentos principales de inercia	A	8.009 1029 *10^{37} Kgm^{2}
	B	8.009 2559 *10^{37} Kgm^{2}
	C	8.035 4872 *10^{37} Kgm^{2}
Potencial normal	U_0	62 636 851.7146 $m^{2}s^{-2}$
Gravedad normal en el ecuador	γ_e	978 032. 533 59 mgal
Gravedad normal en el polo	γ_p	983 218. 493 78 mgal

Parámetro	Notación	Valor
Constante de fórmula de gravedad normal	**k**	0.001 931 852 65241
Masa de la tierra	**M**	$5.973\ 332\ 8 * 10^{24}$ Kg
Constante $m = \dfrac{\omega^2 a^2 b}{KM}$	**m**	0.003 449 786 506 84
Armónico zonal	$\overline{\overline{C}}_{20}$	$-0.\ 484\ 166\ 774\ 985 * 10^{-3}$
Semieje menor	**b**	6 356 752.3142 m
Cuadrado de la primera excentricidad	**e^2**	$6.\ 694\ 379\ 9901 * 10^{-3}$
Cuadrado de la segunda excentricidad	**$é^2$**	$6.\ 739\ 496\ 742\ 25 * 10^{-3}$
Excentricidad lineal	**E**	$5.218\ 540\ 084\ 233\ 9 * 10^{5}$

CAPITULO 2. LA ESFERA CELESTE

A un observador en la superficie terrestre, le parece que se encuentra en el centro de una esfera de radio ilimitado, en la que todos los astros y cuerpos celestes se mueven de Esta a Oeste, teniendo en cuenta que el centro es centro de la Tierra. Para la ubicación de un cuerpo celeste en la esfera celeste se necesitan ciertos puntos de referencia.

A continuación se presenta una gráfica de los elementos básicos de la esfera celeste, los cuales son básicos para el estudio de la trigonometría esférica.

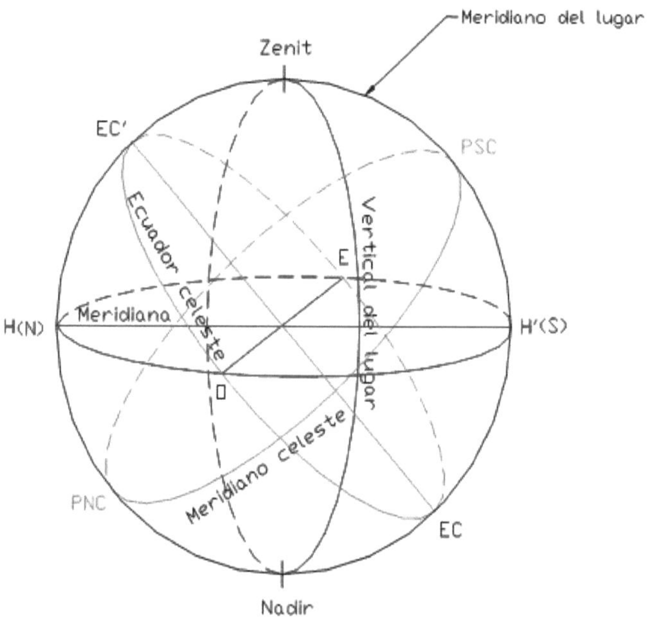

Figura 2. 1 Elementos de la esfera celeste.

Tomando una esfera unitaria, los elementos se definen a continuación:

➢ Circulo máximo: es el que se forma por la intersección de una esfera con un plano secante, pasando dicho plano por el centro de ella.

➢ Círculo menor: es el que se forma por la intersección de una esfera con un plano secante, sin que dicho plano pase por el centro de ella.

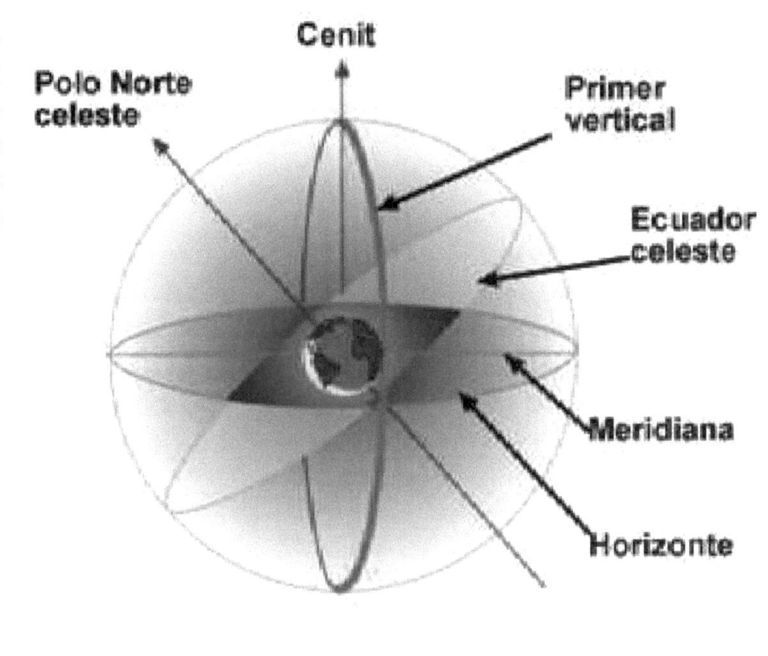

Figura 2. 2 La esfera celeste.

➢ Eje: es la recta ideal alrededor de la cual gira la esfera.

➢ Polos: son los puntos, en los que el eje corta la esfera y alrededor de ellos giran los cuerpos celestes.

➢ Cenit. Es la prolongación hacia arriba de la línea de la plomada hasta cortar la esfera celeste.

➢ Nadir.: es la prolongación hacia debajo de la línea de la plomada hasta cortar la esfera celeste.

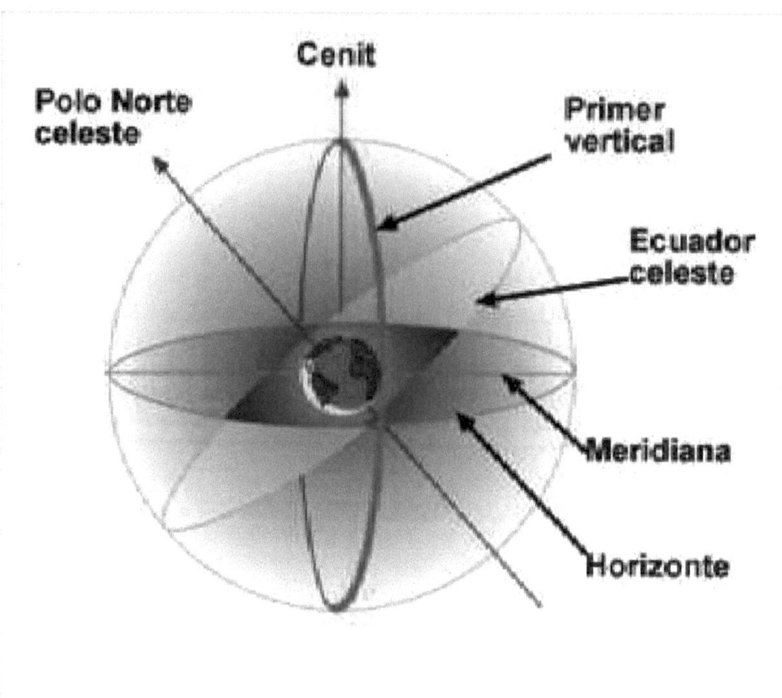

Figura 2. 3 La esfera celeste.

> Horizonte: circulo máximo, cuyo plano es perpendicular a la recta que une al cenit con el nadir, divide la esfera en dos partes iguales denominadas hemisferios.

> Ecuador. Circulo máximo, cuyo plano es perpendicular a la recta que los polos, se forma por la prolongación del ecuador terrestre hasta la esfera, dividiéndola en dos partes iguales llamadas hemisferios (NORTE Y SUR).

> Meridiano: es un círculo máximo que une los polos, si pasa por el cenit se llama meridiano superior, y si pasa por el nadir se denomina meridiano inferior.

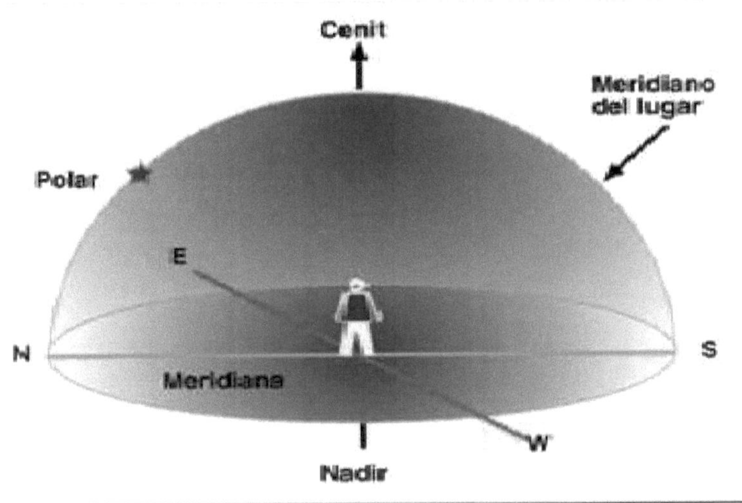

Figura 2. 4 Observador en la esfera celeste.

➢ Primer vertical: es un círculo máximo cuyo plano es perpendicular al meridiano, corta al horizonte en los puntos este y oeste.

➢ Almicantarado: es un círculo menor paralelo al horizonte.

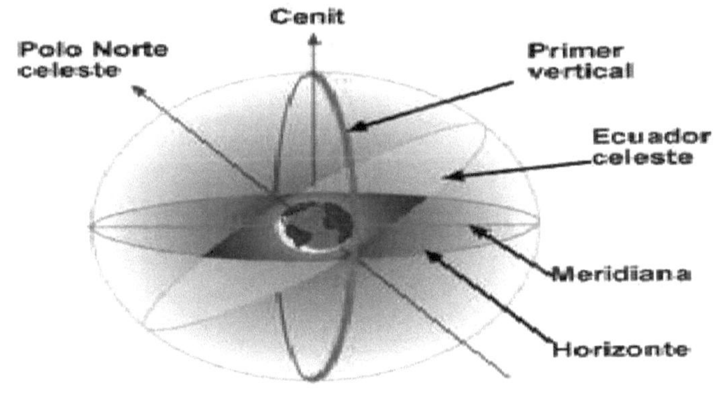

Figura 2. 5 La esfera celeste.

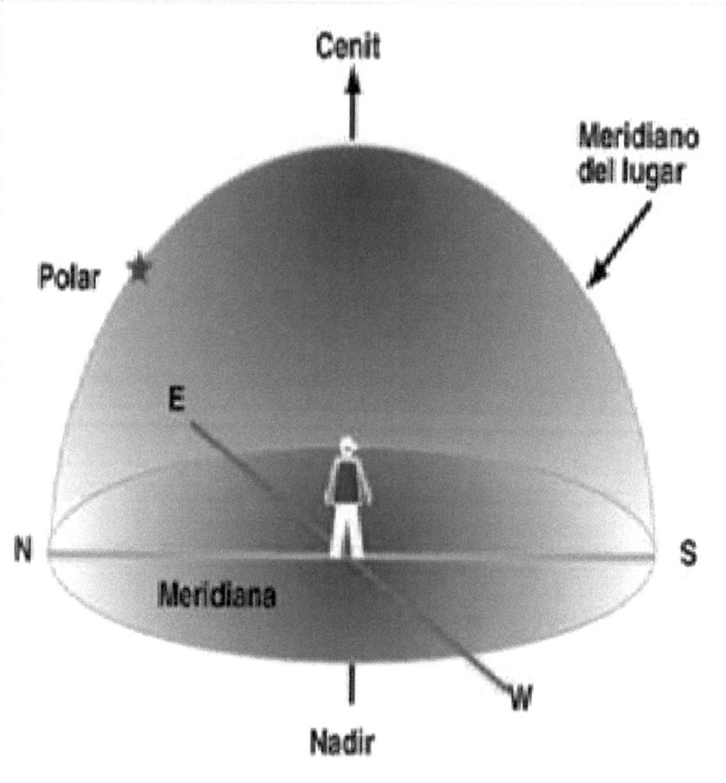

Figura 2. 6 Observador en la esfera celeste

2.1 Ángulo diedro

Se forma por la intersección de dos rectas contenidas en cada una de sus caras (planos), pueden ser agudos, rectos, obtusos. Su medida es igual a la abertura de los planos, Siendo la recta **m** su arista (ver figura 3.4).

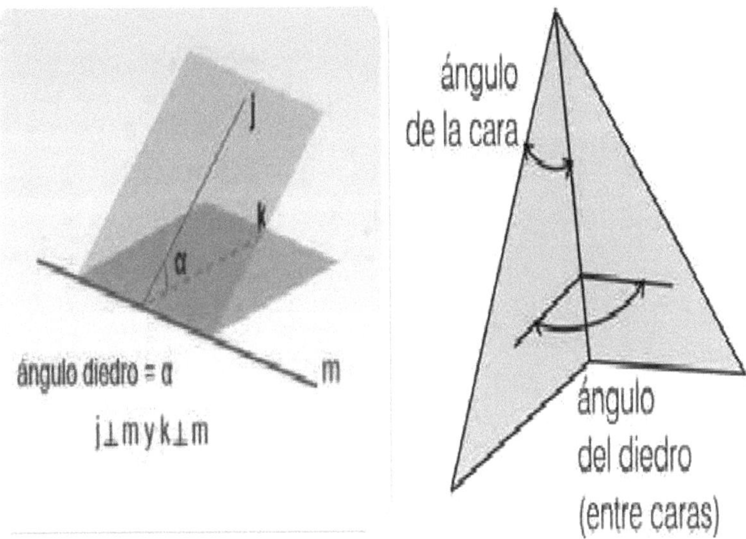

Figura 2. 7 Ángulo diedro.

2.2 Ángulo triedro

Se forma por la intersección de tres planos, teniendo un punto en común, denominado

Vértice.

En este ángulo triedro, también se tienen unos ángulos diedros que de acuerdo con la figura 3.5 son:

➤ O- AB, _______________, _______________, _______________, _________.

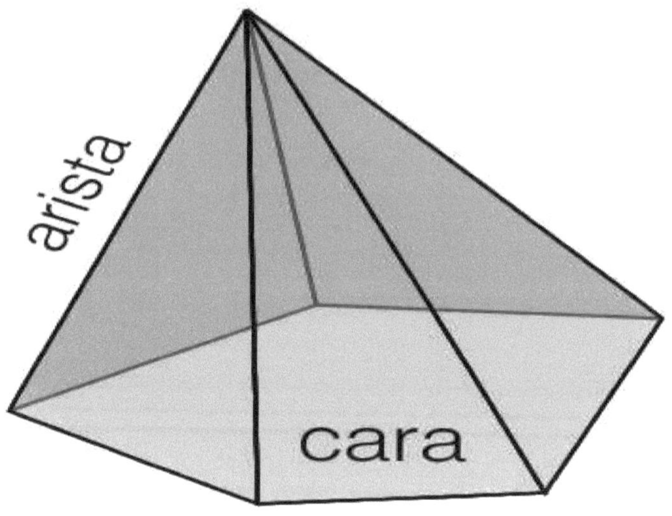

Figura 2. 8 Ángulo triedro.

2.3 Teoremas para ángulos diedros

> La suma de los ángulos de dos caras de un triedro es mayor que el ángulo de la tercera cara, **O-AB+O-BC>O-CD.**

> La suma de los ángulos de las caras de un triedro es menor que 360°.

2.4 Ángulo esférico

Es el que se forma en la esfera por dos arcos secantes de círculos máximos, su medida es igual al arco de circunferencia AB

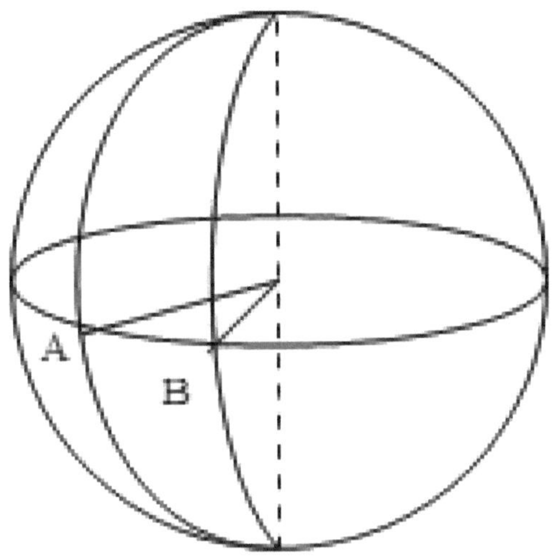

Figura 2. 9 Ángulo esférico.

2.5 Triángulo esférico

Es la región de la superficie de la esfera comprendida entre los arcos tres círculos máximos.

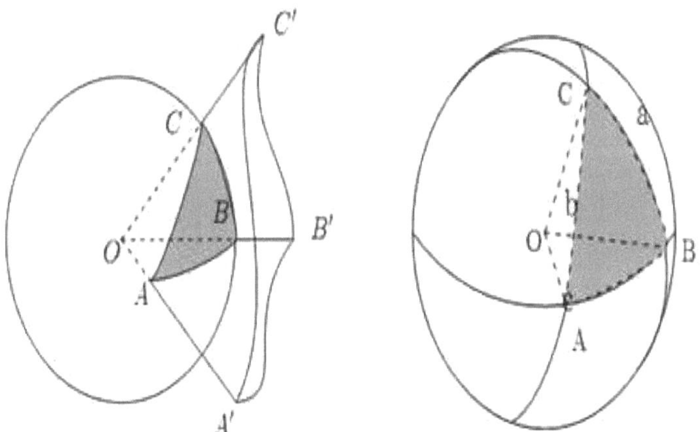

Figura 2. 10 Triángulo esférico.

Los planos del triángulo son: O-AB, O-AC O-ABC

2.5.1 Teoremas válidos para triángulos esféricos

➢ La suma de sus lados es mayor que el tercer lado a + b > c.
➢ La suma de sus lados es menor a 360° (a + b+ c <3 60°).
➢ La suma de los ángulos internos del triángulo esférico es mayor de 180° y menor de 540° (180° < A+ B+ C < 540°).
➢ Si dos lados son iguales sus ángulos opuestos también son iguales.
➢ A mayor lado se opone mayor ángulo.

Ejercicio # 2.1

Verificar los datos

➢ La suma de sus lados es menor a 360° (a +b + c < 3 60°)

$$a = 148° \, 30' \, 16'' \qquad a = 175°22'15''$$
$$b = 151°37'08'' \qquad b = 75°17'45''$$
$$c = 100° \, 22' \, 33'' \qquad c = 107°35'57''$$

➢ La suma de los ángulos internos del triángulo esférico es mayor de 180° y menor de 540° (180°<A+B+C<540°)

$$A = 97°15'38'' \qquad A = 187°$$
$$B = 105°49'59'' \qquad B = 98°26''56''$$
$$C = 123°48'25'' \qquad \underline{C = 201°37'37''}$$

Ejercicio # 2.2

Verificar los datos, "La suma de sus lados es mayor que el tercer lado "a + b

$$a = 175°22'15''$$
$$> c'' \qquad b = 75°17'45''$$
$$\underline{c = 107°35'57''}$$

2.6 Triángulo esférico rectángulo

Uno de sus ángulos internos mide 90° y denota por **C,** cada una de sus partes se conocen como parte circular media (a, b, c, A, B)

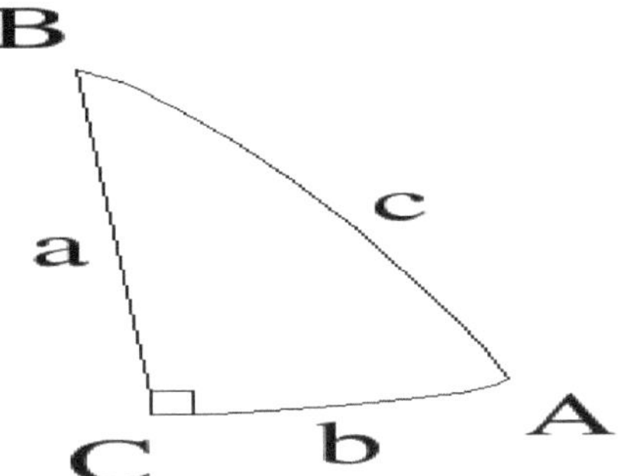

Figura 2. 11 Triángulo esférico rectángulo.

Su solución se realiza utilizando las partes circulares de Neper, donde se tiene:

➢ Parte media **a**, parte media **b**, parte media **90°- c** , parte media **90°- A** , parte media **90°- B.**

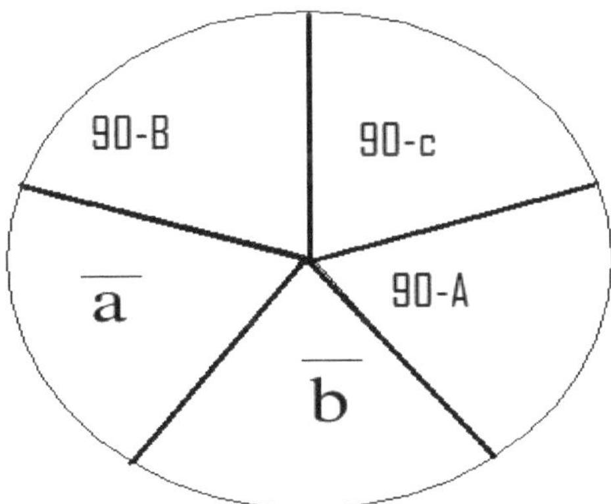

Figura 2. 12 Partes circular de Neper.

Con ayuda de la figura 2.12 se puede realizar el siguiente algoritmo:

➢ Sen (cualquier parte media) es igual al producto de <u>tangentes</u> de las partes medias adyacentes.

$$Sen\, a = Tg(b) \bullet Tg(90° - B)$$

➢ Sen (cualquier parte media) es igual al producto de <u>cosenos</u> de las partes medias opuestas

$$Sen\ a = \cos\ (c) \bullet \cos(90° - A)$$

2.6.1 Especificaciones para triángulos esféricos rectángulos

➢ Si lado a y ángulo A están en el mismo cuadrante entonces b y B pertenecen al mismo cuadrante.
➢ Si lado a y ángulo A están en el mismo cuadrante y b y B están en el mismo cuadrante de los anteriores, entonces el lado c mide menos de 90° (c<90°).
➢ Si lado a y ángulo A están en el mismo cuadrante y b y B están en diferente cuadrante de los anteriores, entonces el lado c es mayor de 90° (c>90°)

Ejercicio # 2.3

Dado el triángulo esférico rectángulo $C = 90°$ $A = 70°32'40''$ $b = 85°17'34''$ calcular la totalidad de los elementos del triángulo.

Solución:

1. Se realiza la gráfica para colocar los datos dados del problema

$$C = 90° \quad A = 70°32'40'' \quad b = 85°17'34''$$

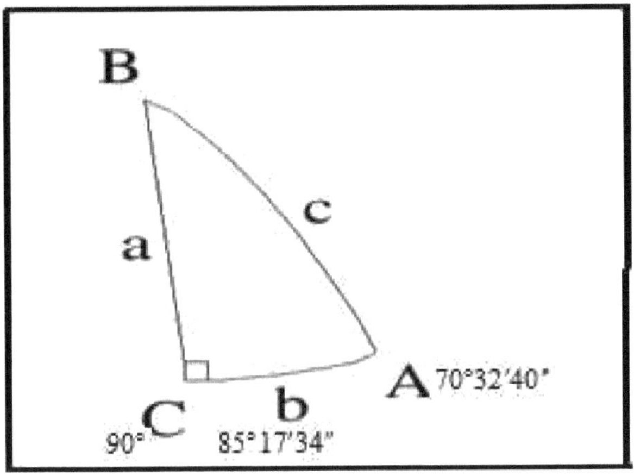

Figura 2. 13 Triangulo esférico.

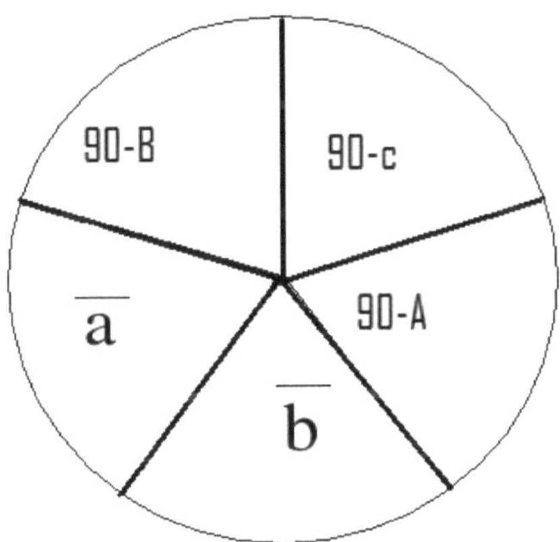

Figura 2. 14 Grafico de partes circulares de Neper.

2. cálculo del ángulo B

$$Sen\,(90° - B) = Cos\,(90° - A)\quad Cos\,(b)$$

$$B =$$

3. Cálculo del lado a, (<u>recuerde no utilizar el último cálculo</u>)

$$Sen\,b = Tan\,(a) \bullet Tan\,(90° - A)$$

$$a =$$

4. Cálculo del lado c

$$Sen\ (90° - A) = Tan\ (b) \bullet Tan\ (90° - c)$$

$$c =$$

Ejercicio # 2.4

Calcular los elementos del triángulo esférico rectángulo dado

$$C = 90°,\ A = 76°26'18'',\ B = 87°45'56''$$

2.7 Triángulo esférico polar

Se dice que el triángulo esférico Á´B´C´ es el triángulo esférico polar del triángulo esférico ABC, teniendo en cuente que desde A hasta Á, existen 90°, por lo que se tiene que ABC son los polos de Á´B´C´

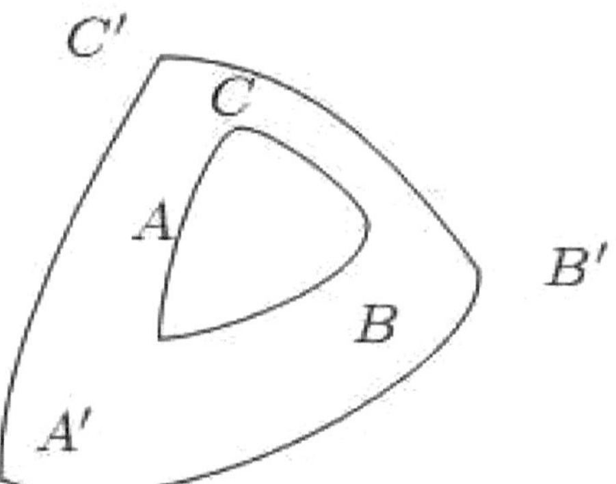

Figura 2. 15 Triángulo esférico polar Á´B´C´.

El triángulo polar Á´B´C´, se forma por la intersección de arcos de círculos máximos cuyos polos son los vértices del triángulo inicial ABC.

2.7.1 Condiciones para triángulos esféricos polares

➤ Si Á´B´C´ es el triángulo polar de ABC, entonces ABC es el polar   A´ B´C´

➢ El ángulo de un triángulo polar es igual al suplemento del lado opuesto del triángulo ABC

$$A' = 180° - a$$
$$B' = 180° - b$$
$$C' = 180° - c$$

➢ Cualquier lado de un triángulo polar es igual al suplemento del ángulo opuesto del triángulo ABC

$$a' = 180° - A$$
$$b' = 180° - B$$
$$c' = 180° - C$$

Ejercicio # 2.5

Resolver el triángulo dado

$$A = 78°56'37'', \quad B = 112°16'44'', \quad C = 100°35'19''$$

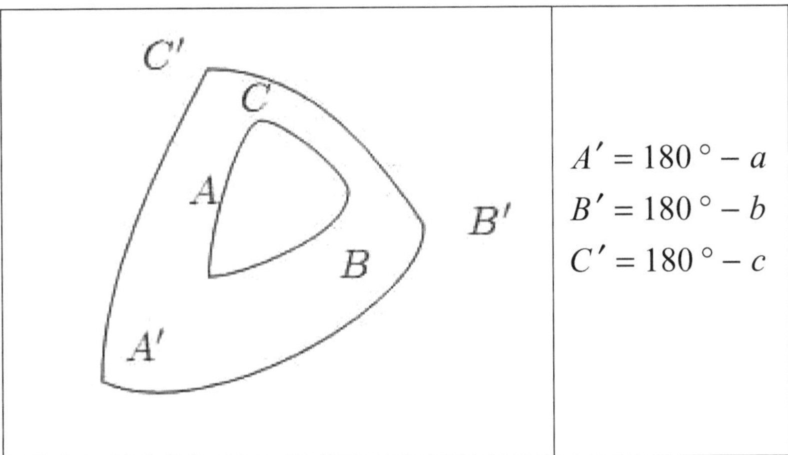

2.8 Triángulo esférico cuadrantal

Es aquel que tiene en uno de sus lados un valor igual a 90°, su solución se obtiene convirtiendo el triángulo dado en un triángulo polar el cual termina siendo un triángulo esférico rectángulo.

Ejercicio # 2.6

1) El rumbo inicial de un barco a lo largo de una circunferencia máxima, a partir de San Francisco (φ= 37°48,5′ N, λ= 122°24′ W) es S40°30′.Localizar El punto M donde el recorrido corta al ecuador y la distancia desde San Francisco hasta M.

Solución

a) Gráfica

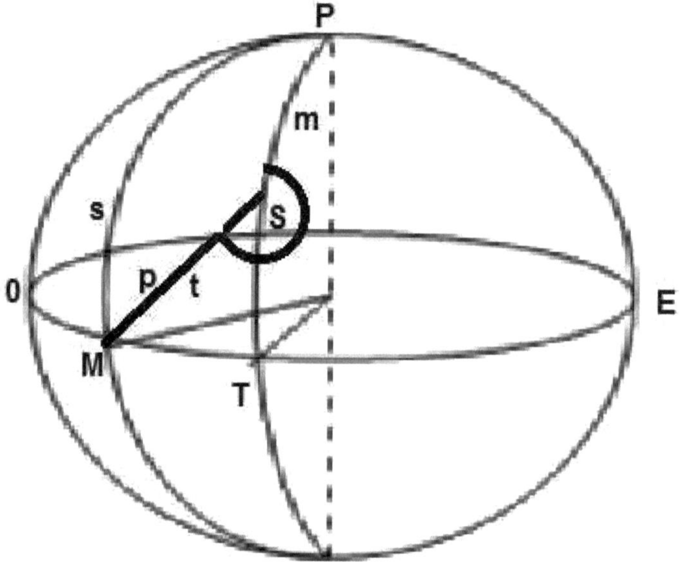

Figura 2. 16 Navegación en la superficie terrestre.

b) El triángulo cuadrantal es

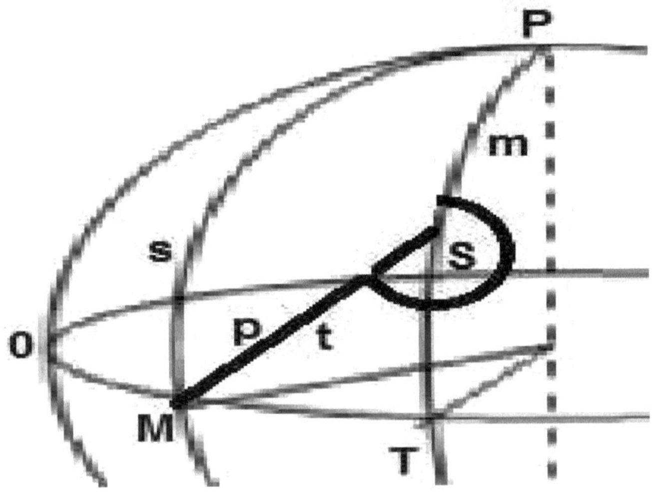

Figura 2. 17 Triángulo cuadrantal

c) Construcción del triángulo polar

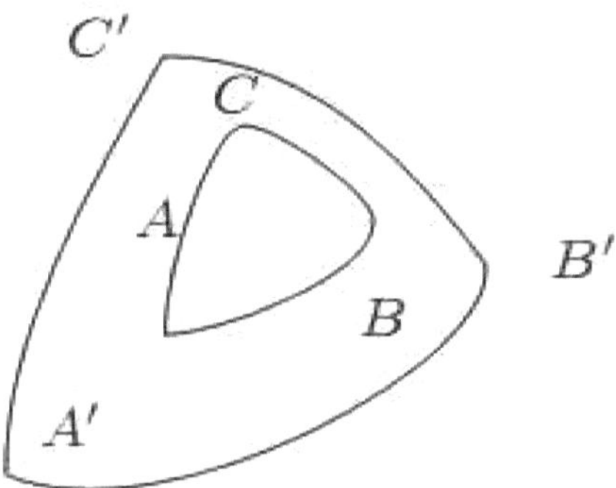

Figura 2. 18 Triángulo polar

c) Cálculos

$A' = 180\ ° - a$	$a' = 180° - A$
$B' = 180\ ° - b$	$b' = 180° - B$
$C' = 180\ ° - c$	$c' = 180° - C$

Los resultados se pueden colocar en la siguiente tabla.

Triángulo inicial	*Triángulo polar*
A=	a´=
B=	b´=
C=	c´=
a=	Á´=
b=	B´=

2.9 Triángulo esférico isósceles

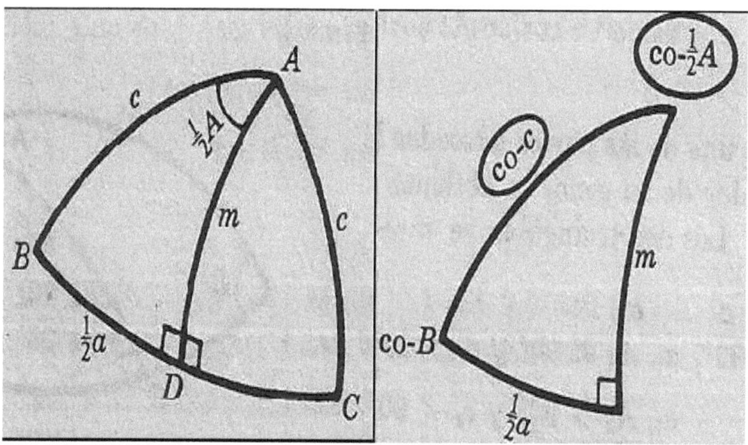

Figura 2. 19 Triángulo esférico isósceles.

Es aquel que tiene dos lados iguales **c=b**, su solución se obtiene trazando una bisectriz desde el vértice A (es un circulo máximo que pasa por el vértice A), para convertirlo en un dos triángulos rectángulos, ABD, ADC, en donde el ángulo recto queda en el vértice D. El ángulo A ahora queda convertido en A/2 para cada nuevo triangulo rectángulo

Es posible llegar a tener un triángulo esférico birrectángulo, en este caso se solucionara como si se tratara de un triángulo esférico rectángulo.

2.10 Área de un triángulo esférico, exceso esférico, área de la esfera

Estos cálculos se pueden hallar mediante las expresiones

$$\acute{a}rea\ tri\acute{a}ngulo\ esf\acute{e}rico = K = \frac{\pi R^2}{180°} E$$
$$Exceso\ esf\acute{e}rcio = E = (A + B + C) - 180°$$
$$\acute{A}rea\ de\ la\ esfera = A = 4\pi R^2$$

2.11 Triángulos esféricos oblicuos

Es un triángulo esférico tal que ninguno de sus ángulos es recto, este triángulo queda determinado cuando se conocen tres (3) de sus elementos. En los casos posibles de ambigüedad, se tienen los siguientes casos en consideración:

➢ Se conocen sus tres lados a, b, c
➢ Se conocen sus tres ángulos A, B, C
➢ Se conocen dos lados a, b y su ángulo comprendido
➢ Se conocen dos lados a, b y el ángulo opuesto a uno de ellos
➢ Se conocen dos ángulos A, B y su lado comprendido
➢ Se conocen dos ángulos A, B y su lado opuesto a uno de ellos.

Las soluciones respectivas a estos triángulos se pueden obtener mediante las expresiones analíticas siguientes:

2.11.1 Ley de Senos

$$\frac{SEN\,A}{SEN\,a} = \frac{SEN\,B}{SEN\,b} = \frac{SEN\,C}{SEN\,c}$$

2.11.2 Ley de Cosenos para lados

$$COS\,a = COS\,b \quad COS\,c + SEN\,b\;SEN\,c\;COS\,A$$

2.11.3 Ley de Cosenos para ángulos

$$COS\,A = -\,COS\,B\;COS\,C + SEN\,b\;SEN\,c\;COS\,a$$

2.11.4 Teorema de Tangentes

$$Semiperimetro = S = \frac{a+b+c}{2}$$

$$r = \sqrt{\frac{SEN\,(S-a)\,SEN\,(S-b)\,SEN\,(S-c)}{SEN\,S}}$$

$$Tan\left(\frac{A}{2}\right) = \frac{r}{SEN\,(S-a)}$$

2.11.5 Teorema de Cotangentes

$$S = \frac{A+B+C}{2}$$

$$R = \sqrt{\frac{COS\,(S-A)\,COS\,(S-B)\,COS\,(S-C)}{-\,COS\,S}}$$

$$COT\left(\frac{a}{2}\right) = \frac{R}{COS\,(S-A)}$$

2.11.6 Fórmulas de Gauss

$$1)\quad \frac{SEN\left[\frac{1}{2}(A+B)\right]}{COS\left(\frac{C}{2}\right)} = \frac{COS\left[\frac{1}{2}(a-b)\right]}{COS\left[\frac{c}{2}\right]}$$

$$2)\quad \frac{SEN\left[\frac{1}{2}(A-B)\right]}{COS\left(\frac{C}{2}\right)} = \frac{SEN\left[\frac{1}{2}(a-b)\right]}{SEN\left[\frac{c}{2}\right]}$$

$$3)\quad \frac{COS\left[\frac{1}{2}(A+B)\right]}{SEN\left(\frac{C}{2}\right)} = \frac{COS\left[\frac{1}{2}(a+b)\right]}{COS\left[\frac{c1}{2}\right]}$$

$$4)\quad \frac{COS\left[\frac{1}{2}(A-B)\right]}{SEN\left(\frac{C}{2}\right)} = \frac{SEN\left[\frac{1}{2}(a+b)\right]}{SEN\left[\frac{1}{2}(a+b)\right]}$$

$$4)\quad \frac{COS\left[\frac{1}{2}(A+B)\right]}{SEN\left(\frac{C}{2}\right)} = \frac{COS\left[\frac{1}{2}(a+b)\right]}{COS\left[\frac{c1}{2}\right]}$$

2.11.7 Fórmulas de Neper

$$1)\quad \frac{TAN\left[\frac{1}{2}(A-B)\right]}{COT\left(\frac{C}{2}\right)} = \frac{SEN\left[\frac{1}{2}(a-b)\right]}{SEN\left[\frac{1}{2}(a+b)\right]}$$

$$2)\quad \frac{TAN\left[\frac{1}{2}(A+B)\right]}{COT\left(\frac{C}{2}\right)} = \frac{COS\left[\frac{1}{2}(a-b)\right]}{COS\left[\frac{1}{2}(a+b)\right]}$$

$$3)\quad \frac{TAN\left[\frac{1}{2}(a-b)\right]}{TAN\left(\frac{c}{2}\right)} = \frac{SEN\left[\frac{1}{2}(A-B)\right]}{SEN\left[\frac{1}{2}(A+B)\right]}$$

$$4)\quad \frac{TAN\left[\frac{1}{2}(a+b)\right]}{TAN\left(\frac{c}{2}\right)} = \frac{COS\left[\frac{1}{2}(A-B)\right]}{COS\left[\frac{1}{2}(A+B)\right]}$$

Ejercicio # 2.7

Para un triángulo esférico, se conocen los siguientes datos, a=108°35′21′′; b= 56° 42′11′′; c=72° 49′58′′. Encontrar los elemen tos restantes del triángulo esférico.

Solución:

➢ Cálculo del ángulo A, utilizamos el teorema de cosenos para ángulos:

$$Cos\ A = \frac{COS\,a - \cos b\ COS\,c}{SEN\,b\ SEN\,c}$$

$$A = arcCOS\left(\frac{COS\,a - \cos b\ COS\,c}{SEN\,b\ SEN\,c}\right) = 127°1′7.64′′$$

➢ Calculo del ángulo B

$$S = \frac{a+b+c}{2} = 119°3′45′′$$

$$r = \sqrt{\frac{SEN(S-a)\,SEN(S-b)\,SEN(S-c)}{SENS}} = 0.3647$$

$$Tan\left(\frac{B}{2}\right) = \frac{r}{SEN(S-b)} \implies B = 2\,arcTg\left[\frac{r}{SEN(S-b)}\right] = 44°45′24.05′′$$

➢ Calculo del ángulo C

$$S = \frac{a+b+c}{2} = 119°3′45′′$$

$$r = \sqrt{\frac{SEN(S-a)\,SEN(S-b)\,SEN(S-c)}{SEN\,S}} = 0.3647$$

$$Tan\left(\frac{C}{2}\right) = \frac{r}{SEN(S-c)} \implies C = 2\,arcTg\left[\frac{r}{SEN(S-bc)}\right] = 53°35′46.86′′$$

Ejercicio # 2.8

Resolver el triángulo esférico, si se conocen A=115°12′15′′; B=97°32′28′′; c=70°52′18′′ (dos lados y el ángulo comprendido ent re ellos).

Solución

➤ Cálculo del ángulo C, (teorema de cosenos para ángulos):

$$Cos\ C = SENA\ SENB\ COSc - COSA\ COSB$$
$$C = arcCOS[SENA\ SENB\ COSc - COSA\ COSB]$$
$$C = 76°13′45.43′′$$

➤ Cálculo del lado a, (teorema de cosenos para lados):

$$Cos\ a = \frac{COSA + COSB\ COS\ C}{SEN\ B\ SEN\ C}$$

$$a = arcCOS\left(\frac{COS\ A + COSB\ COS\ C}{SEN\ B\ SEN\ C}\right) = 118°20′27.47′′$$

➤ Cálculo del lado b, (teorema de cosenos para lados):

$$Cos\ b = \frac{COSB + COSA\ COS\ C}{SENA\ SEN\ C}$$

$$a = arcCOS\left(\frac{COSB + COSA\ COS\ C}{SENA\ SEN\ C}\right) = 105°21′1.1′′$$

Ejercicio # 2.9

Se cuentan con los datos de un triángulo esférico oblicuo, B=121°7′36′′; b=146°36′10′′; c=27°20′18′′ (dos lados y el ángulo opuesto a ellos). Encontrar los elementos restantes del triángulo esférico.

Solución:

➤ Cálculo del ángulo C, (teorema de senos)

$$\frac{SEN\,B}{SEN\,b} = \frac{SEN\,C}{SEN\,c} \quad \Rightarrow SEN\,C = \left(\frac{SEN\,B}{SEN\,b} \right) SENc$$

$$C = 45°34'39.36''$$

➤ Calculo del ángulo A, (utilizando analogías de Neper)

$$Tan\left(\frac{A}{2}\right) = \frac{SEN\left(\dfrac{b-c}{2}\right)}{SEN\left(\dfrac{b+c}{2}\right) Tan\left(\dfrac{B-C}{2}\right)}$$

$$\left(\frac{A}{2}\right) = arcTan\left[\frac{SEN\left(\dfrac{b-c}{2}\right)}{SEN\left(\dfrac{b+c}{2}\right) Tan\left(\dfrac{B-C}{2}\right)}\right]$$

$$A = 96°13'11.77''$$

➤ Calculo del lado a , (utilizando teorema de senos)

$$\frac{SEN\,A}{SEN\,a} = \frac{SEN\,B}{SEN\,b} \quad \Rightarrow \quad SEN\,a = \frac{SENb\ SENA}{SEN\,B}$$

$$a = arcSEN\left(\frac{SEN\,b\ SENA}{SENB}\right) = 140°15'5.54''$$

2.12 Triángulo astronómico

Es un triángulo esférico, cuyos vértices son:

➤ Cenit = ángulo de acimut del astro.

➤ Polo celeste norte = ángulo horario del astro.

➤ Astro = ángulo paraláctico.

Sus lados corresponden a los complementos de:

➤ Latitud.

➤ Altura.

➤ Declinación

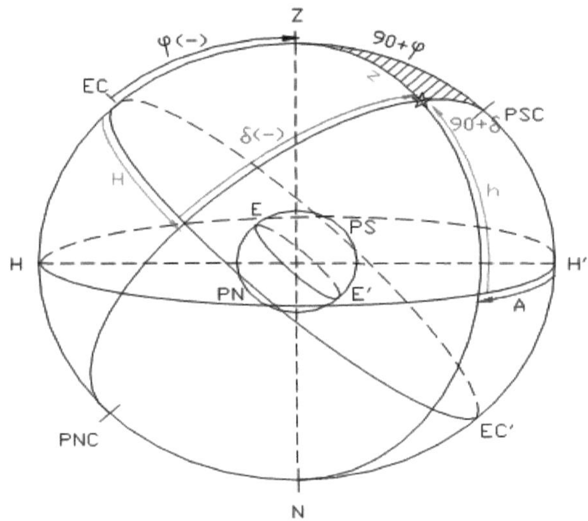

Figura 2. 20 Formación del triángulo astronómico en la esfera celeste.

Si de la figura extraemos el triángulo esférico tenemos:

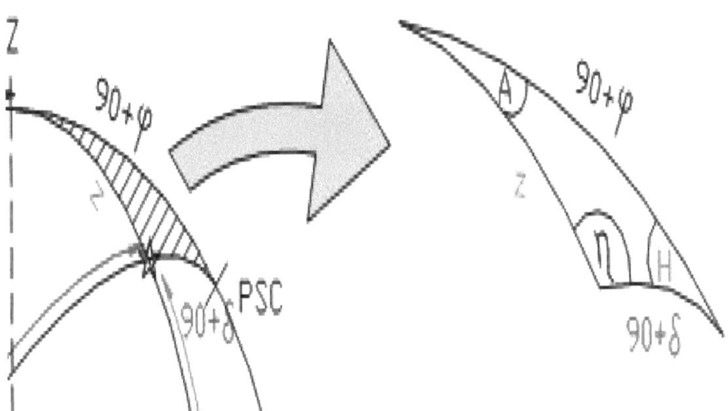

Figura 2. 21 Triángulo astronómico y sus elementos.

La solución a los problemas de posicionamiento de astronomía y geodesia se lleva a cabo mediante la solución de este triángulo utilizando trigonometría esférica.

Ejercicio # 3.10

Calcular el acimut de salida del sol y a qué hora se encuentra el astro en el horizonte, en un sitio de coordenadas φ=10° y la declinación del astro para esa época de observación es δ=15°

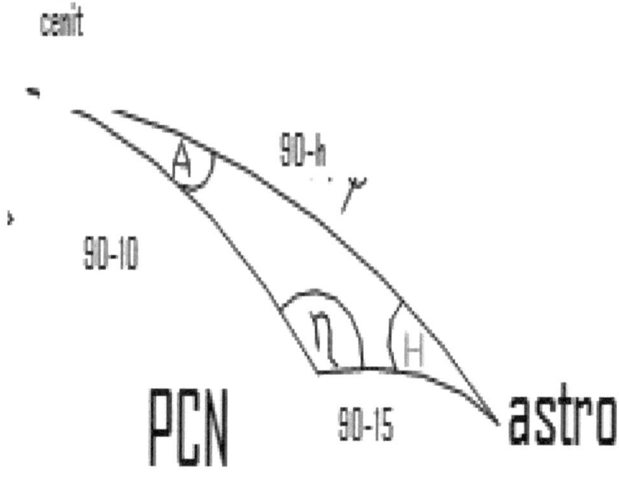

Figura 2. 22 Triangulo astronómico.

Teniendo en cuenta que en los vértices del triángulo se tiene:

> Cenit = ángulo de acimut del astro.

> Polo celeste norte = ángulo horario del astro.

> Astro = ángulo paraláctico.

Solución:

> Cálculo del acimut (en el vértice del cenit),

A=PCN; C=acimut; B=astro; b=90°- φ=80°;c=90°- δ=75°; a=90° si el Sol está en el horizonte.

$$COS\,c = SEN\,a\,SENb\cos C + COSa\,COSb$$

$$COS\hat{C} = \frac{COS\,c - COSa\,COSb}{SEN\,a\,SENb}$$

$$COS\hat{C} = \frac{COS\,75 - COS\,90\,COS\,80}{SEN\,90\,SEN\,80}$$

$$\hat{C} = ACIMUT = 74°45'46.92''$$

➢ Cálculo del ángulo horario (en el vértice PCN)

$$COSA = \frac{COS\,a - COSc\,COSb}{SEN\,c\,SENb}$$

$$COSA = \frac{COS\,90 - COS\,80\,COS\,75}{SEN\,80\,SEN\,75}$$

$$A = AH = 92°42'28.95'' = \left(\frac{92°42'28.95''}{15}\right) = 6^{h}10^{m}49.93^{s}$$

El sol estará en el horizonte

$$12^{h} - 6^{h}10^{m}49.93^{s} = 5^{h}49^{m}10.07^{s}$$

La noche tiene una duración de

$$24^{h} - 2AH = 11^{h}38^{m}20.14^{s}$$

El acimut del ocaso del astro es:

$$360° - 74°45'46.92'' = 285^{h}14^{m}13.08^{s}$$

Ejercicios propuestos de aplicación

Resolver los triángulos esféricos dados

1. $a = 56°\,22.3', b = 65°54.9', c = 78°27.4'$

Respuesta

$$\boxed{A = 58\,°8.4', B = 68°37.8', C = 91°\,57.2'}$$

2. $a = 126° \, 29.6'$, $b = 128° \, 1.6'$, $c = 30° \, 46.6'$

Respuesta

$$A = 99° \, 20.9', \, B = 104° \, 47.7', \, C = 38° \, 54.4'$$

3. $A = 116° \, 1.8'$, $B = 103° \, 17.6'$, $C = 94° \, 21.2'$

Respuesta

$$a = 115° \, 44.2', \, b = 102° \, 40.6', \, c = 88° \, 21.8'$$

4. $A = 117° \, 54.4'$, $a = 76° \, 37.5'$, $C = 45° \, 8.6'$

Respuesta

$$B = 36.° \, 38.8', \, b = 41° \, 4.6', \, c = 51° \, 19.9'$$

5. A qué hora el sol estaba a una altura de 28° para un sitio de $\varphi = -19°$ si para ese día se tenía una declinación $\delta = -22°$

CAPITULO 3. SISTEMAS DE TIEMPO

Un acercamiento al estudio del posicionamiento con técnicas GNSS incluye hacer la reflexión siguiente:

¿Dónde estamos? , ¿Para dónde vamos?, ¿Cuándo se está?

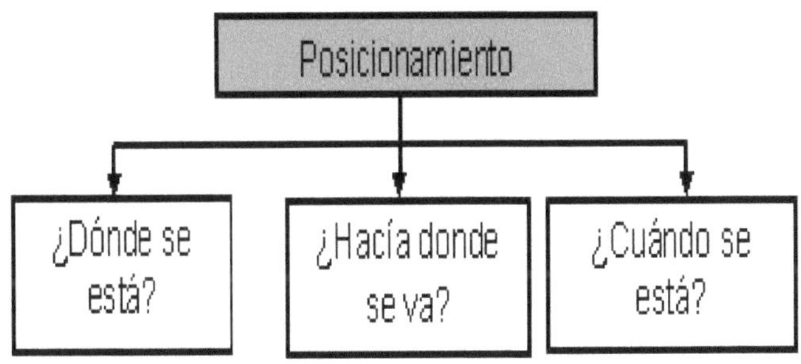

Figura 3. 1 Preguntas relacionadas con el posicionamiento satelital.

De tal forma que podemos empezar por saber Cuándo se está, lo cual nos indica de alguna manera que la variable temporal está inmersa en este momento. EL tiempo juega un papel muy importante en la, mecánica celeste, Geodesia Satelital, así como también en otras ciencias como la Física, ya que algunos métodos de medición utilizan una señal que viaja en el tiempo y en un medio (material o inmaterial, elástico o inelástico), es el caso de una perturbación electromagnética (onda electromagnética) utilizada para el posicionamiento con técnica satelital. Se tienen así las siguientes consideraciones para trabajar con esta variable temporal tan importante, estas son:

➢ La dependencia temporal de la orientación de la Tierra respecto a un espacio inercial es requerida para relacionar las observaciones en una estación terrestre con un marco de referencia de espacio fijo y la escala más apropiada es el tiempo sideral (TU).

➢ Para la descripción del movimiento del satélite artificial se necesita una escala estrictamente uniforme de medición del tiempo, la cual puede ser usada como variable independiente en las ecuaciones de movimiento. La escala apropiada puede ser la derivada del movimiento orbital de la Tierra alrededor del Sol y se denomina tiempo dinámico (Dynamical time)

➢ La medición precisa de una señal que Viaja en el tiempo, está relacionada con un fenómeno de Física nuclear, esta escala se conoce como tiempo

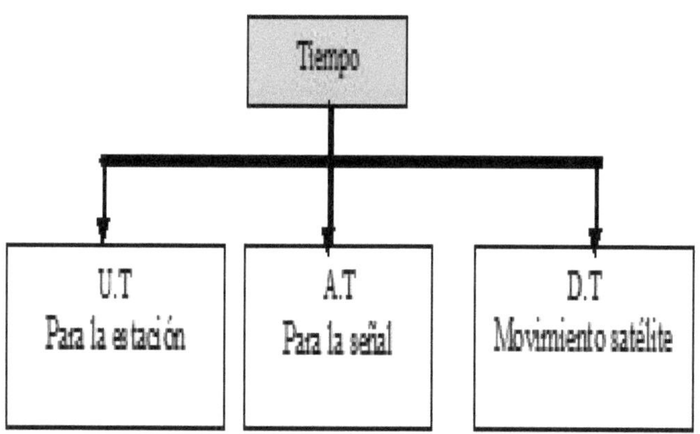

Figura 3. 2 Clasificación del tiempo.

La escala de tiempo es uniforme y sirve para modelar el movimiento de satélites artificiales alrededor de la Tierra, así como la descripción del movimiento relativo de la Tierra en el sistema solar respecto a un sistema espacial inercial. Además de la descripción de las deformaciones de la Tierra debido a fuerzas externas e internas.

El tiempo TAI (tiempo atómico internacional) es una de estas escalas, la cual está compuesta por 200 relojes atómicos de Cesio de larga estabilidad. El movimiento de cuerpos celestes y satélites artificiales debe ser descrito por una escala de tiempo estrictamente uniforme (tiempo inercial), de tal forma que el movimiento de estos cuerpos se da por un tiempo dinámico basado en el movimiento de cuerpos en el sistema solar.

La escala de tiempo dinámico (DT= Dynamical time) es referida al baricentro del sistema solar, con lo que se obtiene un tiempo dinámico del baricentro (TDB). Ahora, si nos ubicamos en el sistema geocéntrico originamos un tiempo terrestre TT, el cual es equivalente al tiempo atómico internacional, dado por la expresión:

$$TT = TAI + 32.184 \tag{3.1}$$

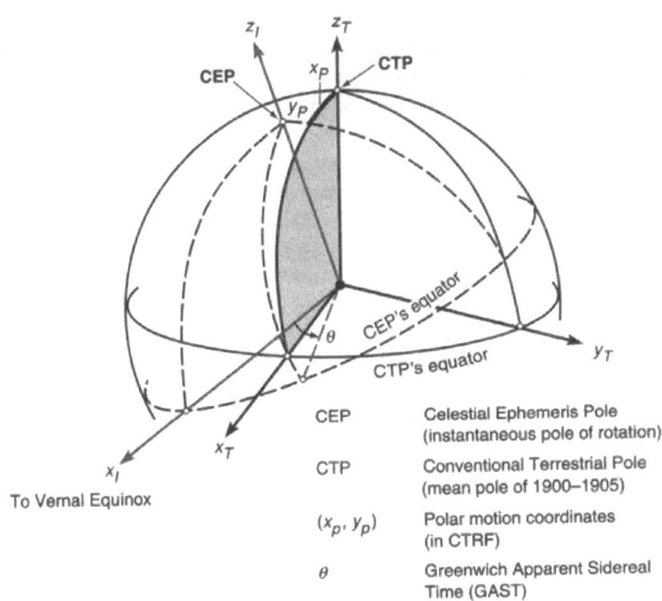

Figura 3. 3 Relación de los sistemas de tiempo.

Donde se puede leer, tiempo terrestre igual a tiempo atómico internacional más una constante. Así se tiene que un T.A.I es igual a 86400 s, y un año es igual a 365.25 días T.A.I. Los sistemas de tiempo son introducidos para observaciones en bases terrestres dentro de un sistema de espacio fijo (C.R.S = sistema de referencia celeste). El movimiento de rotación diurna (spin) de la Tierra alrededor de su eje polar coincide con el eje de máximo momento de inercia (Término C de la matriz de tensor inercial) y pasa por el centro de masa de la Tierra.

3.1 Día solar verdadero

Es el intervalo de tiempo transcurrido entre dos pasos consecutivos del Sol verdadero por meridiano superior del lugar, además se debe tener en cuenta que el Sol verdadero no provee una escala uniforme de tiempo debido a su movimiento por la eclíptica la cual de acuerdo con las leyes de Kepler esta es una trayectoria elíptica, originando diferencias de velocidad cuando pasa por el perigeo y el apogeo sugiriendo sensibles variaciones de su ángulo horario, por tal motivo la escala de tiempo uniforme que se utiliza es el Sol medio con su día solar medio.

3.2 Día solar medio

Definido como el tiempo transcurrido entre dos pasos consecutivos del Sol medio "imaginario" por el meridiano superior. Este se divide en 24 horas solares medias (86400 s). La diferencia entre el tiempo solar medio y el tiempo verdadero se denomina ecuación de tiempo, dada como:

$$E.T = T.S.M - T.S.V. \tag{3.2}$$

3.3 Hora solar verdadera

Es igual al ángulo horario del sol verdadero (desde el meridiano superior) más 12 horas.

$$HSV = AH + 12^h \qquad (3.3)$$

3.4 Hora solar media

Es el ángulo horario del sol medio (desde el meridiano superior) más 12 horas. Cuando el sol está en el meridiano superior su ángulo horario es cero.

3.5 Tiempo universal

Es el tiempo solar medio para $\lambda = 0$ (Greenwich) más 12 horas.

$$T.U = H.H + 12^h \qquad (3.4)$$

3.6 Tiempo solar medio

Es el tiempo universal más la longitud (λ) del observador, esta se puede expresar como TSM = TU + λ, El Tiempo universal está basado en la rotación terrestre, este se ve afectado por la nutación y la precesión del movimiento polar de la Tierra alrededor de su eje de rotación.

La definición del tiempo universal se realiza por observaciones astronómicas sobre una estación particular, utilizando técnicas con fuentes extra galácticas (quásar), este tiempo está referido al polo instantáneo. De este se desprenden dos conceptos importantes:

3.6.1 Tiempo universal TU1

Presenta una corrección por el movimiento del polo. Esta es la escala fundamental utilizada en Astronomía y Geodesia Satelital, debido a que define la orientación del sistema convencional terrestre respecto al espacio (debido a las variaciones en la rotación terrestre no es una escala uniforme).

3.6.2 Tiempo universal TU2

Tiempo corregido por el movimiento del polo y las variaciones periódicas en la velocidad de rotación terrestre), es afectado por variaciones seculares (mareas) y las irregulares (actividad solar).

3.6.3 Año

Es el intervalo de tiempo que transcurre entre dos pasos consecutivos del Sol por mismo punto de la eclíptica, sí:

- ➢ El punto fijo es una estrella se tiene un año sideral (360°).
- ➢ El punto fijo es el punto vernal Equinox se tiene un Año trópico (360° - 50.2").
- ➢ El punto fijo es el perigeo se tiene un Año anomalístico (360° +11.7").

Ejercicio # 3.1

- ➢ Calculo de tiempo sideral, dado $5^h 20^m 35^s$

$$tiempo\ medio * 1.002\ 737\ 909 = tiempo\ sideral$$

$$5^h 20^m 35^s * 1.002\ 737\ 909 = 5^h 21^m 27.67^s \text{ de tiempo sideral}$$

- ➢ Calculo de tiempo solar medio dado $6^h 21^m 21^s$

$$tiempo\ sideral\ * 0.997\ 269\ 566 = tiempo\ solar\ medio$$

$$6^h 21^m 21^s * 0.997\ 269\ 566 = 6^h 20^m 18.52^s \text{ de tiempo solar medio}$$

Ejercicio # 3.2

Hallar el tiempo sideral en Greenwich para la época 4 de abril de 2006.

➢ Solución:

Tabla. 2 Datos para fecha juliana

CALCULO DE DIAS JULIANOS				RESIDUAL DE DIAS JULIANOS							
AÑO	FJ	AÑO	FJ	AÑO	FJ	AÑO	FJ	AÑO	FJ	AÑO	FJ
-1900	027082.	600	1940207.5	0	0	25	9131	50	18262	75	27393
-1800	063607.	700	1976732.5	1	365	26	9496	51	18627	76	27759
-1700	100132.	800	2013257.5	2	730	27	9861	52	18993	77	28124
-1600	136657.	900	2049782.5	3	1095	28	10227	53	19358	78	28489
-1500	173182.	1000	2086307.5	4	1461	29	10592	54	19723	79	28854
-1400	209707.	1100	2122832.5	5	1826	30	10957	55	20088	80	29220
-1300	246235.	1200	2159357.5	6	2191	31	11322	56	20454	81	29585
-1200	282757.	1300	2195882.5	7	2556	32	11688	57	20819	82	29950
-1100	319282.	1400	2232407.5	8	2922	33	12053	58	21184	83	30315
-1000	355807.	1500J	2268932.5	9	3287	34	12418	59	21549	84	30681
-900	392332.	1500G	2268922.5	10	3652	35	12783	60	21915	85	31046
-800	428857.	1600	2305447.5	11	4017	36	13149	61	22280	86	31411
-700	465382.	1700	2341971.5	12	4383	37	13514	62	22645	87	31776
-600	501907.	1800	2378495.5	13	4748	38	13879	63	23010	88	32142
-500	538432.	1900	2415019.5	14	5113	39	14244	64	23376	89	32507
-400	574957.	2000	2451544.5	15	5478	40	14610	65	23741	90	32872
-300	311482.	2100	2488068.5	16	5844	41	14975	66	24106	91	33237
-200	648007.	2200	2524592.5	17	6209	42	15340	67	24471	92	33603
-100	684532.	2300	2561116.5	18	6574	43	15705	68	24837	93	33968
0	721057.	2400	2597641.5	19	6939	44	16071	69	25202	94	34333
100	757582.	2500	2634165.5	20	7305	45	16436	70	25567	95	34698
200	794107.	2600	2670689.5	21	7670	46	16801	71	25932	96	35064
300	830632.	2700	2707213.5	22	8035	47	17166	72	26298	97	35429
400	867157.	2800	2743738.5	23	8400	48	17532	73	26663	98	35794
500	903682.	2900	2780262.5	24	8766	49	17897	74	27028	99	36159

MES	FJ	MES	FJ	MES	FJ	MES	FJ
Ene	0	Mar	59	Jul	181	Nov	304
Ene (B)	-1	Abr	90	Ago	212	Dic	334
Feb	31	May	120	Sep	243		
Feb (b)	30	Jun	151	Oct	273		

➢ Calculo de T, de acuerdo con los datos de la tabla 3.

$$FJ = 2451544.5 \quad \Rightarrow \quad Para\ el\ a\tilde{n}o\ 2000$$
$$FJ = 2191 \quad \Rightarrow Para\ a\tilde{n}o\ 6$$
$$FJ = 90 \quad \Rightarrow \quad Para\ mes\ 4\ (Abril)$$
$$FJ = 29 \quad \Rightarrow Para\ el\ d\acute{\imath}a$$
$$FJ = 2\,453854.5 \quad d\acute{\imath}as\ julianos$$
$$T = \left[\frac{FJ - 2451545}{36525} \right] = 0.\,063\,230\,664$$

➢ Cálculo de la fracción de día, teniendo en cuenta que la es observación $t_0 = 29.316146$ días de T.U de Abril de 2006.

Intervalo de hora universal: $0.316146 * 24 = 7^h\ 35^m\ 15.01^s$

➢ Tiempo universal:

$$T.U = 7^h\ 35^m\ 15.05^s \bullet 1.002737909 = 7^h\ 36^m\ 29.8^s$$

➢ Tiempo universal en Greenwich para la época dada:

$$TSG_t = TSG_0 + 1.002\,727\,909 * T.U$$

$$TSG_t = \left\{ \begin{array}{c} 6^h\ 41^m\ 50.54584^s \\ +(2400^h\ 03^m\ 4.81286^s) \left[\frac{FJ - 2\,451\,545}{36525} \right] \end{array} \right\} + 1.002\,727\,909 * T.U$$

$$TSG_t = \left\{ \begin{array}{c} 6^h\ 41^m\ 50.54584^s \\ + (2400^h\ 03^m\ 4.81286^s)\ [0.\,063230664] \\ + 7^h 36^m 29.8^s \end{array} \right\}$$

$$TSG_t = 166^h 03^m 44.97^s$$

Reducción a primer reloj

$$TSG_t = 166^h 03^m 44.97^s - \left[ENT \left[\frac{166^h 03^m 44.97^s}{24} \right] \right] * 24 + 7^h 36^m 29.8^s$$

$$TSG_t = 05^h 40^m 14.77^s = 85°3'\ 41.55'' = 1.484\,603\ rad$$

3.7 Tiempo sideral

Relacionado con la rotación del planeta y se tiene una clasificación que corresponde con:

3.7.1 Tiempo sideral local aparente LAST

El tiempo sideral local aparente se refiere al meridiano del observador, es igual al ángulo horario del punto vernal Equinox verdadero (nutación más precesión) medido desde el meridiano local.

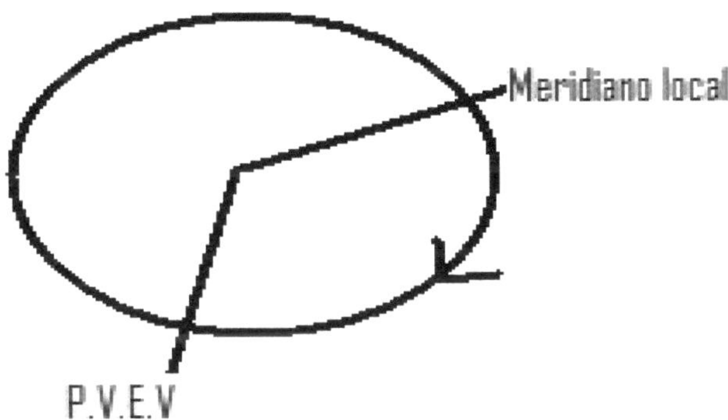

Figura 3. 4 Tiempo sideral local aparente.

3.7.2 Tiempo sideral aparente en Greenwich GAST

La medición referida al ángulo horario del punto vernal Equinox verdadero es lo que se conoce como el tiempo sideral aparente en Greenwich (sujeto a la precesión más nutación) medido desde $\lambda = 0$ (Greenwich).

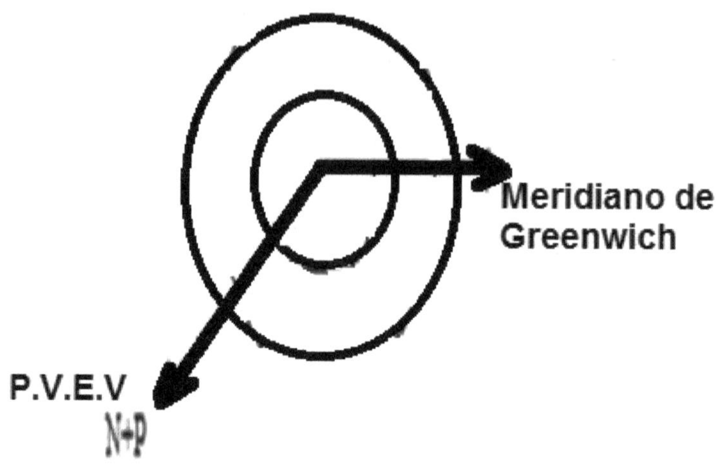

Figura 3. 5 Tiempo sideral aparente Greenwich.

3.7.3 Tiempo sideral medio local LMST

Referido al ángulo horario medido desde el meridiano local hasta el punto vernal Equinox medio (tiene en cuenta la nutación).

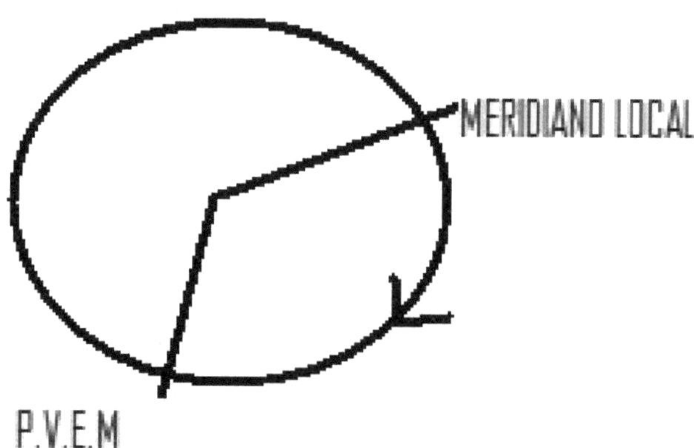

Figura 3. 6 Tiempo sideral medio local.

3.7.4 Tiempo sideral aparente en Greenwich GMST

Es el ángulo horario del punto medido desde λ = 0 (Greenwich) hasta el punto vernal Equinox medio (tiene en cuenta la nutación), hace referencia al tiempo sideral medio en Greenwich.

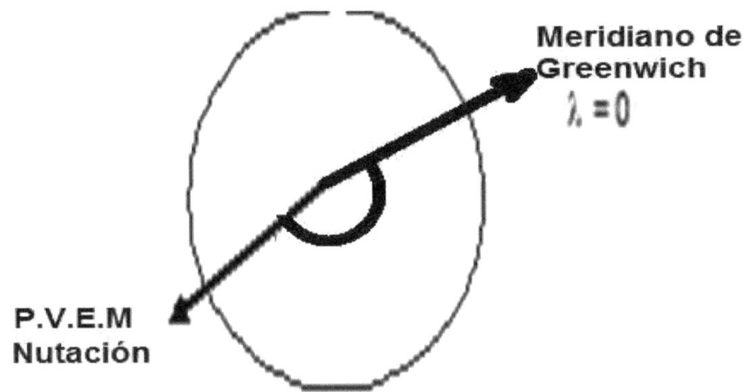

Figura 3. 7 Tiempo sideral medio Greenwich.

De lo anterior, se puede obtener la ecuación de los equinoccios:

$$\Delta\Psi - Cos\ \varepsilon = GMST - GAST \qquad (3.5)$$

Para la longitud en coordenadas naturales, se tiene:

$$GMST - LMST = GAST - LAST \qquad (3.6)$$

El tiempo sideral aparente es creado para la evaluación de observaciones astronómicas, sin embargo para la construcción de una escala de tiempo, solamente el tiempo sideral medio es usado, la unidad fundamental de tiempo es el día medio sideral.

3.7.5 Tiempo efemérides (E.T)

Desde comienzos del siglo pasado comenzó a ponerse en duda la hipótesis de la constancia de la constancia de la velocidad de rotación de la Tierra, especialmente entre posiciones observadas de la Luna y las calculadas en base a la teoría gravitatoria. Estas divergencias son en parte atribuibles a desplazamientos imprevisibles de masas en el interior del planeta y en parte a las variaciones seculares debidas al efecto de frenado por rozamiento en el movimiento de las aguas en las mareas oceánicas. En consecuencia se introdujo desde 1960 el sistema de tiempo de efemérides, este sistema se mide con base al valor de la variable independiente empleada en la teoría gravitatoria de Newton del movimiento heliocéntrico de la Tierra. Según la teoría, la longitud media del Sol (L) referida al equinoccio de la fecha está dada por

$$L = 279°\ 41'\ 48.04'' + 129\,602\,768.13''T + 1.089''T^2 \tag{3.7}$$

Donde T esta medido en siglos de 36525 días efemérides. La unidad fundamental de ET es el Año Trópico (si el punto fijo es el punto vernal Equinox se tiene un año trópico (360° - 50.2") para la fecha inicial T_0 =1900 Enero 0, 12 h ET.

3.7.6 Tiempo sidéreo y ángulo horario

Hemos visto que determinar las coordenadas acimutales de cualquier centro astro es sencillo, ya que sólo hay que tomar como referencia el Norte y el cenit, dos puntos fijos para un observador en una posición determinada en la Tierra.

Sin embargo para la ascensión recta (AR) y la declinación (δ) no es tan sencillo. Si bien el polo celeste sí que está fijo para una localidad determinada en la Tierra y sólo depende de la latitud, no ocurre lo mismo con el punto Vernal u origen de ascensión recta que siempre está girando. Para entender cómo se puede determinar la posición de cualquier objeto deben introducirse las nociones de tiempo sidéreo y ángulo horario.

3.7.7 Tiempo sidéreo

Según la convención establecida por nuestros relojes, el día dura 24 horas, y el Sol tarda en pasar dos veces seguidas por el meridiano, recordemos que cualquier astro alcanza su punto más alto en la bóveda celeste al pasar por el meridiano, 24 horas. Esto no es estrictamente cierto, ya que el tiempo que tarda en pasar dos veces por el meridiano, depende de la combinación de los movimientos de rotación y traslación de la Tierra alrededor del Sol, tal y como se muestra en la figura 3.9, puede verse que dicho intervalo corresponde a algo más de una rotación terrestre.

Recordar

GAST =Tiempo sideral aparente en Greenwich

GMST = Tiempo sideral medio en Greenwich

LMST = Tiempo sideral local medio

LAST = Tiempo sideral local aparente

Figura 3. 8 Clasificación de tiempos siderales aparentes y locales.

Como el movimiento de la tierra alrededor del sol no es uniforme, los pasos sucesivos del Sol no se producen siempre al mismo tiempo. A veces el Sol tarda un poco más si la Tierra circula más lentamente por su órbita, y a veces un poco menos si va más deprisa.

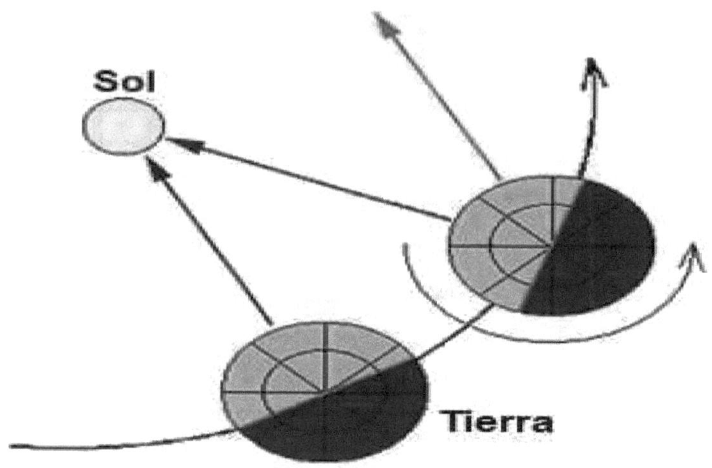

Figura 3. 9 Movimiento de traslación de la Tierra.

Como sincronizar los relojes con todos los pasos sucesivos del Sol por el meridiano, supondría dar una duración ligeramente distinta a cada día del año, tarea esta ímproba y poco práctica, se ha adoptado como duración del día el promedio del tiempo, a lo largo de un año, que el Sol tarda en pasar dos veces por el meridiano, y se ha dividido en 24 horas, que es el tiempo que marca un reloj común.

Sin embargo, como se desprende de la Figura 4.9, en realidad el período de revolución real es más corto, en concreto la Tierra tarda en dar una vuelta alrededor de su eje 23^h 56^m 4.1^s. De hecho, este es el período de rotación respecto de las estrellas fijas, es decir, que cualquier estrella tarda 23^h 56^m 4.1^s en pasar dos veces por el meridiano. Por tanto se pueden utilizar como reloj las estrellas fijas, solo que este reloj "estelar" se adelantaría algo menos de cuatro minutos por día con respecto a un reloj de pulsera. Este adelanto es tal que al cabo de un año llega a ser de un día completo. Al tiempo medido tomando como referencia las estrellas se le denomina tiempo sidéreo. Se puede construir un reloj sidéreo sin más que tomar un reloj convencional y haciendo que se adelante algo menos de cuatro minutos al día.

Ahora bien, ¿cómo se puede poner en hora nuestro reloj sidéreo? En principio hay que fijar en algún instante de tiempo la hora cero del reloj sidéreo. Una forma arbitraria de ponerlo en hora sería por ejemplo, hacer que marque las 00:00 horas cuando el punto vernal pase por el meridiano. Como el punto vernal gira con las estrellas, si se hace así siempre se sabrá dónde está el punto vernal, origen de coordenadas. Por ejemplo, si el reloj sidéreo marca 00:00 horas, entonces sabremos que el punto vernal está pasando por el meridiano, lo que permitirá situar cualquier objeto por su ascensión recta. Suponga que el reloj sidéreo marca las $6:00^h$, entonces indica que el punto vernal hace seis horas que pasó por el meridiano, es decir, un cuarto de día o vuelta, y que por tanto se encuentra 90° hacia el Oeste respecto del meridiano.

Note que con un reloj sidéreo ya se pueden utilizar las coordenadas ecuatoriales para buscar cualquier estrella. De hecho el tiempo sidéreo marca la ascensión recta de las estrellas que están pasando en ese momento por el meridiano.

3.7.8 Ángulo horario

Hay un último concepto a considerar para la utilización de coordenadas ecuatoriales, es el denominado ángulo horario (AH). Suponga que se tiene una estrella cuya ascensión recta AR. es de 18^h 0^m 0^s, pero que el reloj sidéreo marca la 10^h 0^m 0^s. Esto significa que (ver la Figura 3.10):

➢ Uno, que la estrella se encuentra a $18^h\ 0^m\ 0^s = 270°$ hacia el este del punto vernal.

➢ Dos, como el reloj sidéreo marca las $10^h\ 0^m\ 0^s$, ello implica que el punto vernal, ya hace 10 horas que pasó por el meridiano, es decir, que se encuentra 150° hacia el oeste. Por tanto, a la estrella le faltan todavía $8^h\ 0^m\ 0^s$ para llegar al meridiano, es decir, se encuentra a 120° hacia el este.

A esta diferencia entre la ascensión recta de la estrella y la hora sidérea se le denomina ángulo horario. Si el ángulo horario es positivo como en el ejemplo, significa que la estrella no ha llegado todavía al meridiano y se encuentra hacia el Este. Si es negativo, la estrella ya ha pasado el meridiano y se encuentra hacia el Oeste. En ambos casos, tantos grados como indique el ángulo horario.

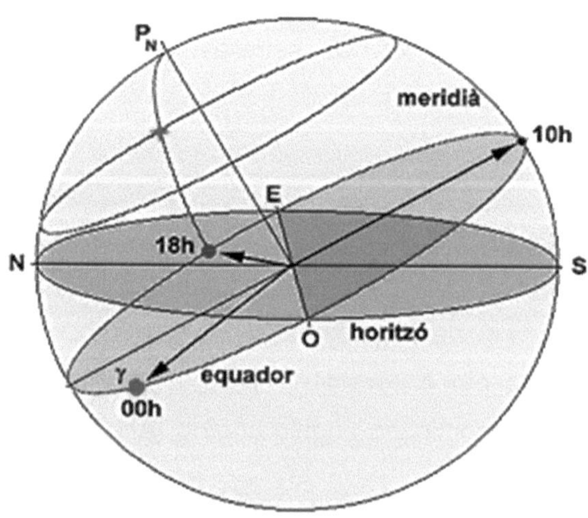

Figura 3. 10 Ángulo horario.

3.7.9 Cálculo de tiempo sideral aparente en Greenwich, GAST

$$\theta = \theta_m + \Delta\Psi \, Cos\,[\varepsilon_m + \Delta\varepsilon]$$

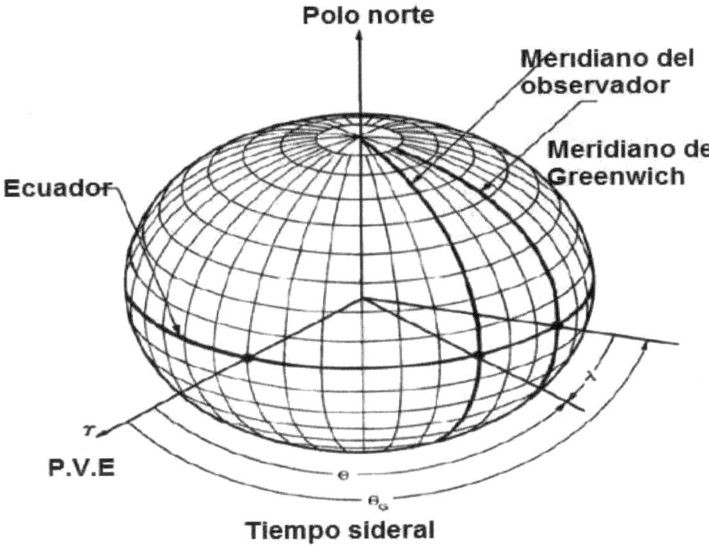

Figura 3. 11 Geometría del tiempo sideral.

Esta función calcula el tiempo sideral aparente Greenwich, haciendo el uso de los primeros términos del algoritmo nutación IAU1980. A continuación las expresiones necesarias para su calculo

$$T = \frac{JD - 2451545}{36525} \tag{3.8}$$

$$\theta_m = 280.460\,618\,37 + 360.985\,647\,366\,29\,[\,JD - 2\,451\,545.0] +$$

$$0.000\,387933\,T^2 - \frac{T^3}{387\,100\,00} \tag{3.9}$$

Los argumentos de trigonométricos en grados

$$L = 280.4665 + 36000.789\,T \tag{3.10}$$

$$L' = 218.3165 + 481\,267.8813\,T \tag{3.11}$$

$$\Omega = 125.044\,52 - 1\,934.136\,61\,T \tag{3.12}$$

La longitud de la nutación

$$\Delta\Psi = -17.20 \text{ Sen } \Omega - 1.32 \text{ Sen} 2L - 0.23 \text{ Sen } 2L' + 0.21 \text{ Sen } 2\Omega \quad (3.13)$$

Oblicuidad media

$$\varepsilon_m = 23°\ 26'21.448\ '' - 46.8510\ '' \ T - 0.00059 T^2 + 0.001\ 813\ T^3 \quad (3.14)$$

Nutación en oblicuidad

$$\Delta\varepsilon = 9.20 \text{ Cos } \Omega + 0.57 \text{ Cos } 2L + 0.10 \text{ Cos } 2L' - 0.09 \text{ Cos } 2\Omega \quad (3.15)$$

El Gmst está dado por

$$\theta = \theta_m + \Delta\Psi \ Cos\ [\varepsilon_m + \Delta\varepsilon] \quad (3.16)$$

θ_m Es el tiempo sideral medio en Greenwich, $\Delta\Psi$ es la longitud de la nutación, ε_m es oblicuidad media, $\Delta\varepsilon$ es la nutación en oblicuidad.

Matriz de nutación

$$N = R_1(-\varepsilon)R_3(-\Delta\Psi)R_1(\varepsilon_0) \quad (3.17)$$

$$\varepsilon = \varepsilon_0 + \Delta\varepsilon \quad (3.18)$$

$$\varepsilon_0 = \varepsilon_m = 23°\ 26'21.448\ '' - 46.8510\ '' \ T - 0.00059 T^2 + 0.001\ 813\ T^3 \quad (3.19)$$

$$\Delta\varepsilon = 9.20 \text{ Cos } \Omega + 0.57 \text{ Cos } 2L + 0.10 \text{ Cos } 2L' - 0.09 \text{ Cos } 2\Omega \quad (3.20)$$

$$\Delta\Psi = -17.20 \text{ Sen } \Omega - 1.32 \text{ Sen} 2L - 0.23 \text{ Sen } 2L' + 0.21 \text{ Sen } 2\Omega \quad (3.21)$$

$$L = 280.\,4665 + 36000.789\ T \quad (3.22)$$

$$L' = 218.\,3165 + 481\ 267.\,8813\ T \quad (3.23)$$

$$\Omega = 125.\,044\ 52 - 1\ 934.\,136\ 61\ T \quad (3.24)$$

$$\varepsilon_0 = \varepsilon_m = 23°\ 26'21.448\ '' - 46.8510\ '' \ T - 0.00059 T^2 + 0.001\ 813\ T^3 \quad (3.25)$$

$$T = \frac{JD - 2451545}{36525} \quad (3.26)$$

La matriz de nutación corresponde con

$$N = \begin{bmatrix} Cos\,\Delta\psi & -Sen\Delta\psi\,Cos\varepsilon_0 & -Sen\Delta\psi Sen\varepsilon_0 \\ Sen\Delta\psi\,Cos\varepsilon & Cos\,\Delta\psi Cos\varepsilon_0 Cos\varepsilon + Sen\varepsilon_0 Sen\varepsilon & Cos\,\Delta\psi Cos\varepsilon_0 Cos\varepsilon - Cos\varepsilon_0 Sen\varepsilon \\ Sen\Delta\psi Sen\varepsilon & Cos\,\Delta\psi\,Cos\varepsilon_0 Sen\varepsilon - Sen\varepsilon_0 Cos\varepsilon & Cos\,\Delta\psi Sen\varepsilon_0 Sen\varepsilon + Cos\varepsilon_0 Cos\varepsilon \end{bmatrix} \quad (3.27)$$

Si los términos de segundo orden se desprecian, la matriz de nutación linealizada puede ser dada en la forma:

$$N = \begin{bmatrix} 1 & -\Delta\psi\,Cos\varepsilon & -\Delta\psi Sen\varepsilon_0 \\ \Delta\psi\,Cos\varepsilon & 1 & \Delta\varepsilon \\ \Delta\psi Sen\varepsilon & \Delta\varepsilon & 1 \end{bmatrix} \quad (3.28)$$

CAPITULO 4. ELEMENTOS TEÓRICOS DE GEODESIA FÍSICA

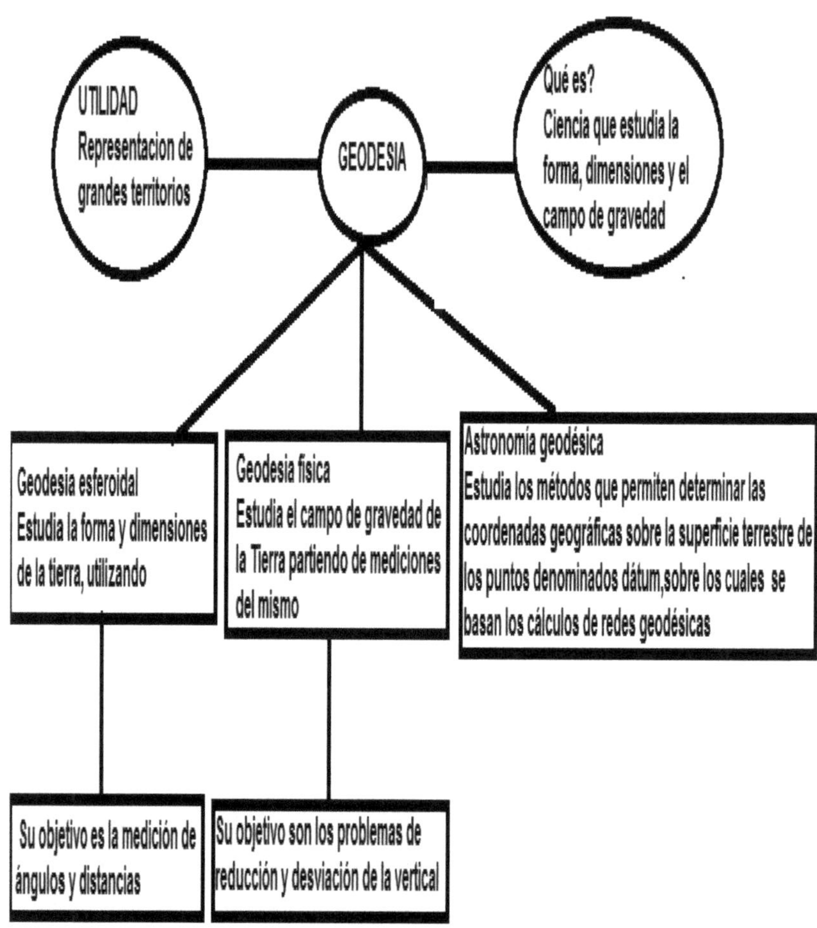

Figura 4. 1 Clasificación de la geodesia.

Que estudiaremos?

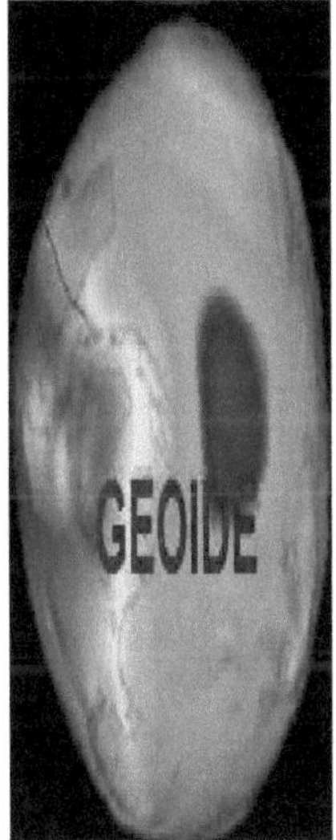

Figura 4. 2 Concepción básica del geoide.

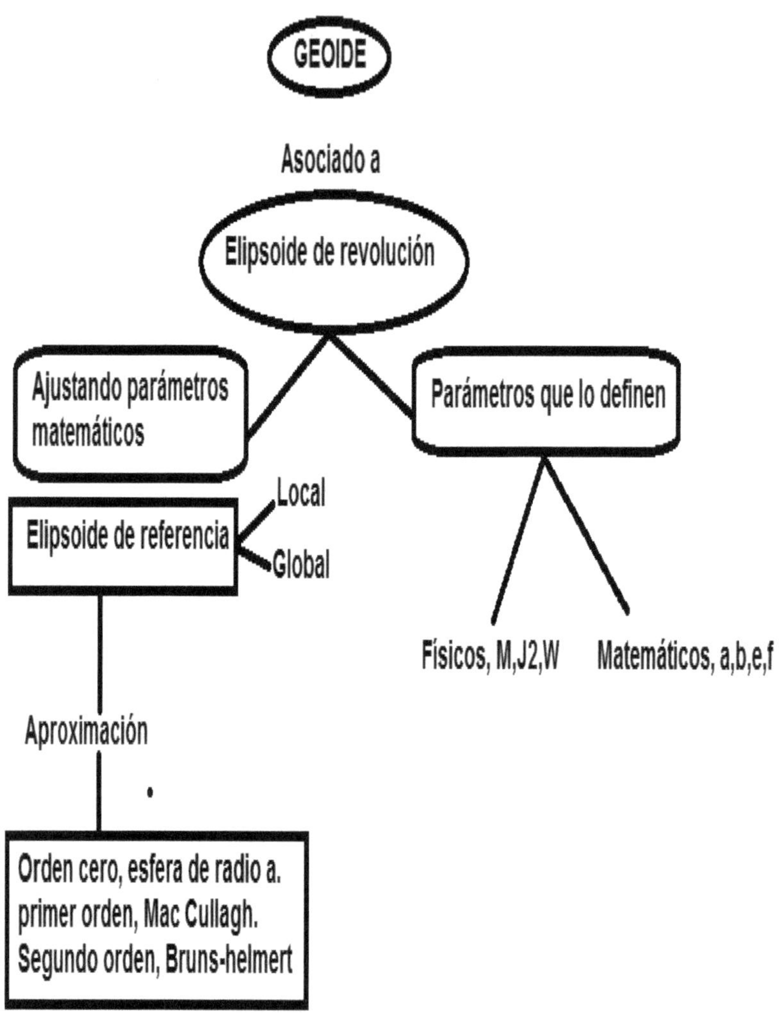

Figura 4. 3 Relación entre el geoide y el elipsoide.

Por definición es el lugar geométrico de puntos, en los que la función potencial **V** es constante y su <u>Grad**V**</u> es perpendicular a ella.

Superficie de nivel

Elipsoide: Tomado como superficie de referencia para coordenadas verticales (alturas)

Geoide: Tomado como superficie de referencia para el campo de gravedad

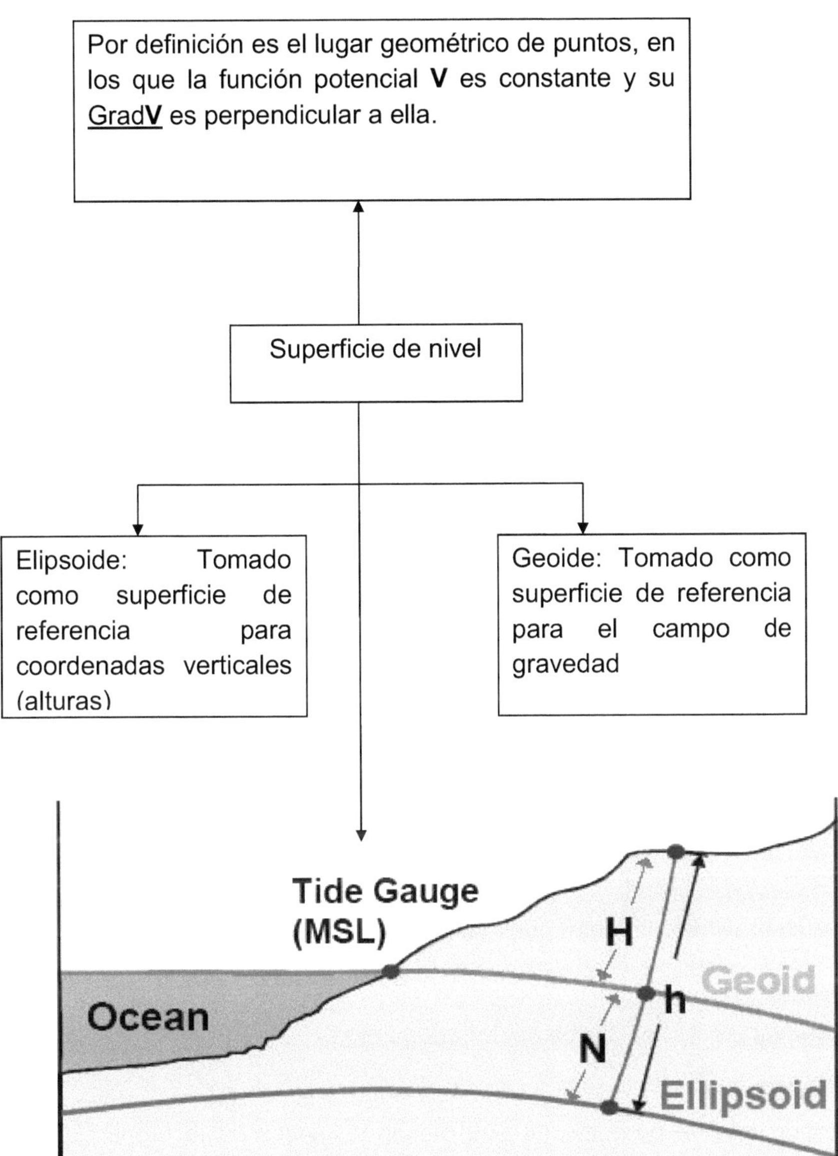

Figura 4. 4 Superficies de referencia.

4.1 Teoría del potencial gravitacional

Si se tiene una masa M generadora de campo, esta crea un campo de fuerzas, representado en la forma:

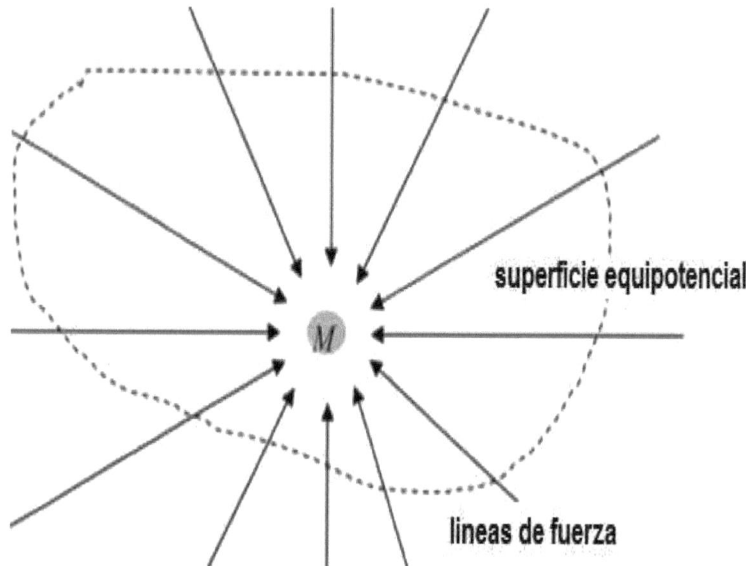

Figura 4. 5 Representación del campo gravitacional.

La fuerza gravitacional entre dos masas, se considera:

➢ Central
➢ Vectorial.
➢ Atractiva.
➢ Proporcional al producto de sus masas e inversamente proporcional al cuadrado de la distancia r^2.

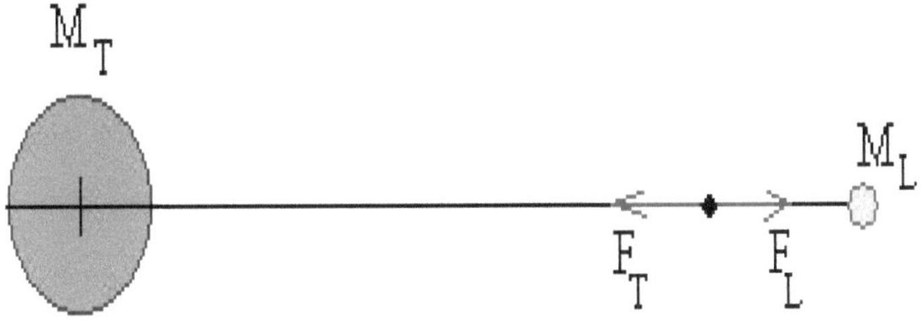

Figura 4. 6 Fuerza de atracción sobre una masa unitaria.

La fuerza de gravitación está dada por:

$$\overrightarrow{F_G} = -K\,\frac{M\,m}{r^2}\,\hat{r} \tag{4.1}$$

La fuerza de rotación (centrifuga) expresada en la forma:

$$\overrightarrow{F_c} = m\,\omega^2 r_g\,\widehat{r_g} \tag{4.2}$$

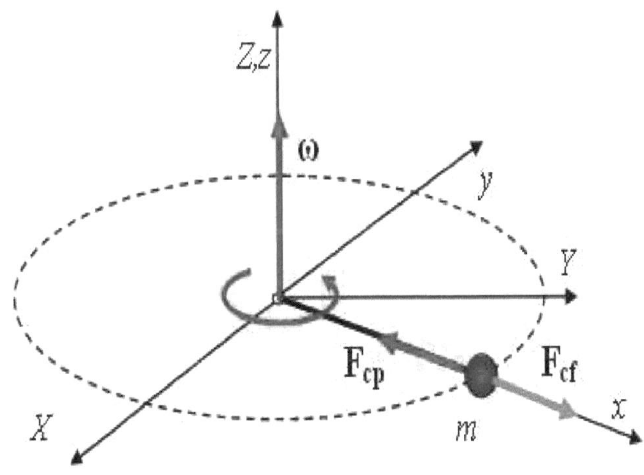

Figura 4. 7 Fuerza centrífuga Sobre un cuerpo en rotación.

http://upload.wikimedia.org/wikipedia/commons/a/a4/Moglf0905_Fuerza_centr%C3%ADfuga.jpg?u selang=es)

El campo escalar potencial tiene asociado un campo físico de fuerzas $\vec{g}, \vec{E}, \vec{B}$ el cual debe estar representado por tres (3) números reales   (x, y, z), pero esto representa problemas, por eso se asume un campo escalar, ya que por procesos matemáticos permite obtener la función primitiva del campo vectorial, en este el campo gravitacional, así:

$$V = \int \vec{F} . \overrightarrow{dr} \qquad (4.3)$$

La fuerza gravitacional tiene la forma

$$\vec{F} = \nabla V = \frac{\partial V}{\partial x}\hat{\imath} + \frac{\partial V}{\partial y}\hat{\jmath} + \frac{\partial V}{\partial z}\widehat{k} \qquad (4.4)$$

El potencial gravitacional se puede estudiar desde los puntos de vista interior o exterior a la masa generadora del campo:

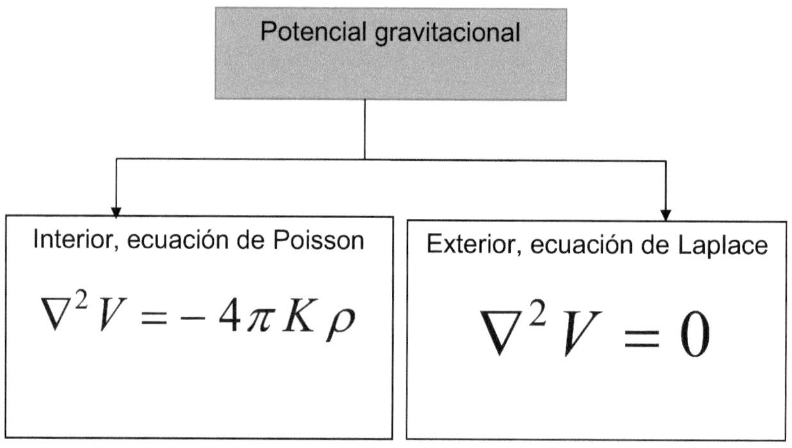

Figura 4. 8 Ecuaciones básicas de la geodesia.

4.2 Solución de la ecuación de Poisson

Para desarrollar la ecuación de Poisson, El potencial en el interior de una masa está dado por la ecuación de Poisson:

$$\nabla^2 V = -4\pi K \rho \tag{4.5}$$

Otra forma de escribir la ley de gravitación de newton, es presentarla como una Ecuación diferencial (ecuación de Poisson) insertada como una integral; para ello derivaremos la ecuación diferencial de la integral. Considerando el operador Laplaciano sobre una función V, definido como:

$$\nabla^2 V(x) = \partial_x^2 V + \partial_y^2 V + \partial_z^2 V \tag{4.6}$$

De la integral de Newton para el potencial (V):

$$\nabla^2 V = K \int \rho(\bar{x}) \nabla^2 \left(\frac{1}{|x - x'|} \right) dv \tag{4.7}$$

Donde el Laplaciano con respecto a x es:

$$\nabla_x^2 \frac{1}{\| x - x' \|} = \nabla_{x'}^2 \frac{1}{x - x'} \tag{4.8}$$

Esto quiere decir que podemos desarrollar la integral con respecto a X o X'. Dividiendo la integral de volumen (V) "toda la esfera", para poder dejar la integral en dos partes, donde R es el radio interno de la esfera; además donde R->0, simplificaremos y temporalmente definimos nuestro sistema de coordenadas X prima=0; entonces la integral del potencial queda:

$$\nabla^2 V(x = 0) = K \int_D \rho(x) \nabla^2 \left[\frac{1}{|x|} \right] dv + K \int_C \rho(x) \nabla^2 \left[\frac{1}{|x|} \right] dv \tag{4.9}$$

Usando coordenadas esféricas para poder desarrollar las integrales.

$$\nabla^2 \frac{1}{|x|} = \nabla^2 \left(\frac{1}{r}\right) \tag{4.10}$$

Si r es diferente de cero, el operador Laplaciano tiene la forma de:

$$\nabla^2 \frac{1}{|x|} = \nabla^2 \left(\frac{1}{r}\right) = \partial_r(r^2 \partial r) + \frac{1}{r^2 Sen^2 \theta} \partial_\theta(Sen\theta \ \partial r) + \frac{1}{r^2 Sen^2 \theta} \partial_\lambda^2 r \tag{4.11}$$

Entonces la integral depende de:

$$\nabla^2 \left[\frac{1}{r}\right] = \frac{1}{r^2} \partial_r \left(r^2 \partial_r \frac{1}{r}\right) \tag{4.12}$$

La ecuación (5.12) también podemos representarla así:

$$\nabla^2 V(x=0) = K\int_D \nabla\rho \nabla\frac{1}{r} dv - K\int_C \nabla\rho \nabla\frac{1}{r} dv \tag{4.13}$$

Considerando el segundo término de la integral:

$$\nabla\frac{1}{r} = \frac{\partial}{\partial_r}\left(\frac{1}{r}\right)e_r = \frac{-1}{r^2}e_r \tag{4.14}$$

Considerando $K\int_C \nabla\rho\left(\nabla\frac{1}{r}\right)dv$ note que donde $\hat{e}_r$ es un vector unitario en la dirección radial y es multiplicado por r^2. Además si ρ es continua, r tiende a cero (cuando r tiende a cero, existe r_0, ya que r_0 es continuo), entonces $\nabla\rho$ es limitado dentro de C para C muy pequeño y la integral es limitada. Entonces si tomamos el límite cuando r tiende a cero, la segunda integral se desaparece. Entonces la ecuación (6) queda:

$$\nabla^2 V(x=0) = K\int_C \nabla\rho \ \nabla\frac{1}{r} \ dv \tag{4.15}$$

Para poder resolver la ecuación (4.15), utilizamos el teorema de Gauss.

$$\int_v \nabla T \, . \, dv \, 0 \int_s \hat{n} . \vec{T} \; ds \tag{4.16}$$

Donde S es la superficie limitante de C, $\overline{n}$ es el vector exterior normal a S, y T es un vector arbitrario, y nuestra integral queda; además $\overline{n} = \overline{r}$, entonces:

$$\nabla^2 V(0) = \lim_{R->0} \left[K \int_S \rho \nabla \left(\frac{1}{r} \right) da \right] \tag{4.17}$$

Desarrollando la integral y reemplazando por coordenadas esféricas para resolver la ecuación, entonces:

$$\nabla^2 V(0) = \int_S \rho \left(-\frac{1}{r^2} e_r \right) R^2 Sen\theta \, d\theta \, d\lambda \tag{4.18}$$

Y el resultado final de la integral es la ecuación de Poisson:

$$\nabla^2 V = -4\pi K \rho \tag{4.19}$$

4.3 Formalidad de la teoría del potencial gravitacional

Si se asume un campo escalar, el cual se denomina función potencial y teniendo en cuenta que por procesos matemáticos se puede obtener la función primitiva del campo vectorial $\vec{F}$. De tal forma que:

$$V = \int \vec{F} . \overrightarrow{dr} \tag{4.20}$$

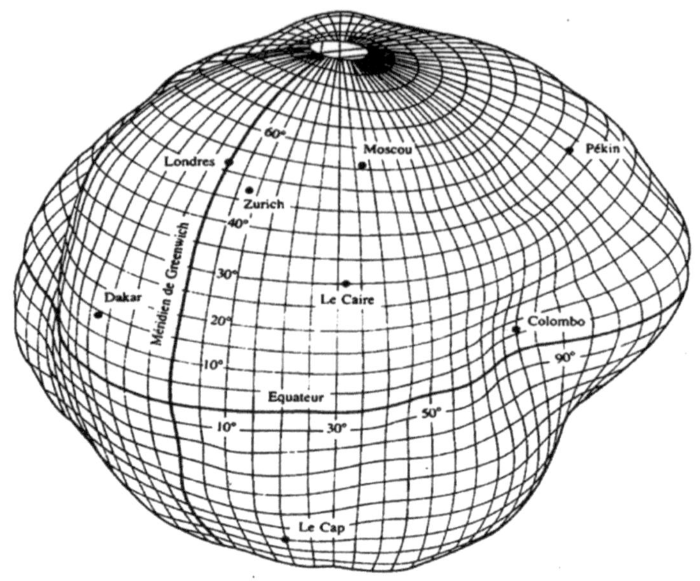

Figura 4. 9 Modelo elipsoidal global.

$$\vec{F} = \nabla V = \frac{\partial V}{\partial x}\hat{\imath} + \frac{\partial V}{\partial y}\hat{\jmath} + \frac{\partial V}{\partial z}\hat{k} \qquad (4.21)$$

Donde V es una función armónica, debido a que satisface la ecuación de Laplace, dada como:

$$\nabla^2 V = 0 \qquad (4.22)$$

Teniendo en cuenta que:

- V es la función escalar, cuyo gradiente representa la fuerza que m_1 ejerce sobre m_2.
- Es una función continua.
- Es una función armónica en el interior de las masas, satisfaciendo la ecuación de Poisson $(\nabla^2 V = -4\pi K \rho)$.
- Posee n-ésimas derivadas.

- Tiende a cero en el infinito, debido a que en el infinito la masa se comporta como puntual de acuerdo a la expresión: $V = \dfrac{Km}{r}$

- Se puede representar como una combinación de senos y cósenos, así:

$$V = A_0 + \sum_{n=1}^{\infty} A_n \, Cos\, n\theta + \sum_{n=1}^{\infty} B_n \, Sen\, n\theta \qquad (4.23)$$

Donde,

$$A_0 = representa\ el\ promedio\ de\ la\ funci\grave{o}n$$
$$A_n, B_n = controlan\ la\ amplitud\ de\ la\ funci\grave{o}n$$
$$\cos n\theta, sen\, n\theta = controlan\ la\ frecuencia\ de\ oscilaci\grave{o}n$$

4.4 Propiedades de las funciones armónicas

- Tiene máximos y mínimos sobre la frontera que encierra el volumen.

- son analíticas en todos los puntos del área de frontera.

- tiene inversión esférica, indicando que el potencial es armónico dentro y fuera de la masa atrayente.

- Los valores sobre la superficie de frontera encerrada determina una y solo una función armónica en la frontera, lo que es conocido como el principio de DIRICHLET, el cual se puede solucionar por:

4.5 Teorema de Green

Aplicado al principio de Dirichlet en el interior de una masa. Si la función de Green es conocida $\quad V_{(r)} = \oint_s \dfrac{\partial}{\partial n} G \, V_s \, ds$

4.6 Método de Fourier

Cuya solución se obtiene por el producto de tres (3) funciones. Desarrollando entonces la teoría correspondiente a la obtención del potencial como una serie de Fourier. Si se asume el plano F(x, y) para el cálculo del potencial, la ecuación de Laplace en coordenadas cartesianas queda expresada en la forma:

$$\nabla^2 V(x,y,z) = V_{xx} + V_{yy} + V_{zz} = 0 \qquad (4.24)$$

El desarrollo de esta expresión estará sujeta a las condiciones de frontera:

- V (0, y, z) = V(a, y, z) = V(x, 0, z) = V(x, b, z) = V (x, y.0) = 0

- V(x, y, z) = F(x, y)

Sea entonces la función V=XYZ, remplazando en la expresión (4.24) se obtiene:

$$X^{''} YZ + Y^{''} XZ + Z'' XY = 0 \qquad (4.25)$$

Dividiendo la relación propuesta en (5.25) por X, Y, Z se tiene: La ecuación diferencial (5.26), la cual se puede solucionar por el método de separación de variables, igualando a una constante:

$$\frac{X''}{X} + \frac{Y''}{Y} + \frac{Z''}{Z} = 0 \qquad (4.26)$$

Las ecuaciones que se obtienen para cada una de las variables X, Y, Z corresponden con:

$$\frac{X''}{X} = \frac{Y''}{Y} + \frac{Z''}{Z} = K_x^2$$

$$-\frac{Y''}{Y} = \frac{Z''}{Z} - K_x^2 = K_y^2$$

$$\frac{Z''}{Z} = K_z^2$$

(4.27)

Derivadas Direccionales

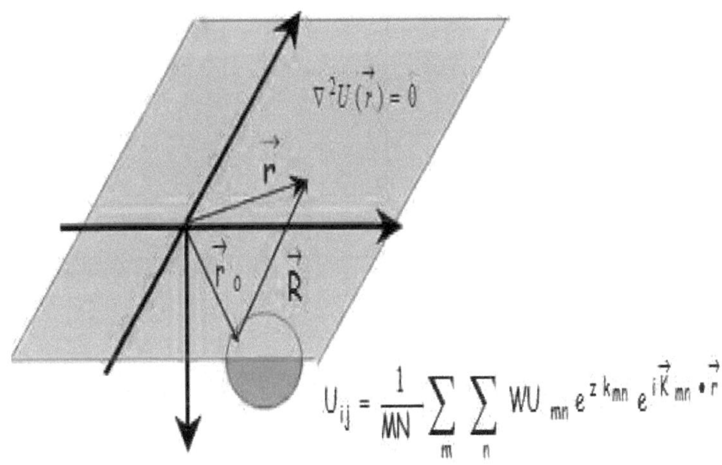

Figura 4. 10 Representación gráfica de la ecuación de Laplace.

Las soluciones que se proponen para las ecuaciones diferenciales descritas en (4.27) tienen la siguiente forma:

$$X'' + XK_x^2 = 0$$

$$Y'' + YK_y^2 = 0$$

$$Z'' - ZK_z^2 = 0$$

(4.28)

Donde A, B, C, D, E, F son constantes que se obtienen como parte de la solución de ecuaciones diferenciales homogéneas. Teniendo en cuenta las condiciones de frontera para obtener la solución de la ecuación (4.28), las expresiones para las constantes K_x y K_y de las ecuaciones (4.27) se calculan de acuerdo con:

$$X(x) = A\,Cos(xK_x) + B\,Sen(xK_x)$$
$$Y(y) = C\,Cos(yK_y) + D\,Sen(yK_y)$$
$$Z(z) = E\,Cosh(zK_z) + F\,Senh(zK_z)$$

$$(4.29)$$

Para las condiciones de frontera $X_0 = 0 = X_a$; $Y_0 = Y_b = 0$; $Z = 0$, los valores de las constantes A, C, E son cero (0). Así la relación para K_z es:

$$K_x = \frac{m\pi}{M} \quad con\ m=1,2,3$$

$$K_y = \frac{n\pi}{N} \quad con\ n=1,2,3$$

$$K_z = \sqrt{K_x^2 + K_y^2}$$

$$(4.29.1)$$

Una vez obtenida la ecuación (4.29), las soluciones dadas en (4.29.1) K_z se puede expresar en términos de mn, de la siguiente manera:

$$K_z^2 = K_{mn}^2 = \left(\frac{2\pi m}{M}\right)^2 + \left(\frac{2\pi n}{N}\right)^2$$

$$(4.30)$$

Remplazando en la función **V = X Y Z** en términos de las soluciones descritas en (4.29.1), se tiene la solución de la ecuación de Laplace que corresponde con:

$$X_x = X_m = B_m \; Sen\left(\frac{2\pi m}{M}x\right)$$

$$Y_y = Y_n = D_n \; Sen\left(\frac{2\pi n}{N}y\right) \qquad (4.31)$$

$$Z_z = Z_{mn} = F_{mn} \; Sen\,h\left(z\,K_{mn}\right)$$

Para satisfacer la condición de frontera V (x, y, z) = F(x, y), la ecuación (4.24) toma la forma:

$$V_{mn} = X_m \; Y_n \; Z_{mn}$$

$$V_{mn} = B_m \; Sen\left(\frac{2\pi m}{M}x\right) D_n \; Sen\left(\frac{2\pi n}{N}y\right) F_{mn} \; Sen\,h\left(K_{mn}\,z\right) \qquad (4.32)$$

Entonces, la solución deseada es:

$$V(x,y,z) = \sum_{m=1}^{\infty}\sum_{n=1}^{\infty} b_{mn} Sen\left(\frac{2m\pi}{M}x\right) Sen\left(\frac{2n\pi}{N}y\right) Sen\,h\left(K_{mn}\,z\right) \qquad (4.33)$$

Siendo la constante b_{mn} = B_m D_n F_{mn}. Relacionando U(x, y, z) = F(x, y) la solución para la ecuación de Laplace se presenta como:

$$V(x,y,z) = \sum_{m=1}^{\infty}\sum_{n=1}^{\infty} b_{mn} Sen\left(\frac{2m\pi}{M}x\right) Sen\left(\frac{2n\pi}{N}y\right) Sen\,h\left(K_{mn}\,z\right) \qquad (4.34)$$

El término C_{mn} se conoce como el coeficiente de Fourier en 2D, el cual está dado por la correspondencia:

$$V(x,y,z) = \sum_{m=1}^{\infty}\sum_{n=1}^{\infty} b_{mn}\, V_{mn}(x,y,z) \qquad (4.35)$$

<u>Aplicaciones de las Derivadas en Campos Potenciales</u>

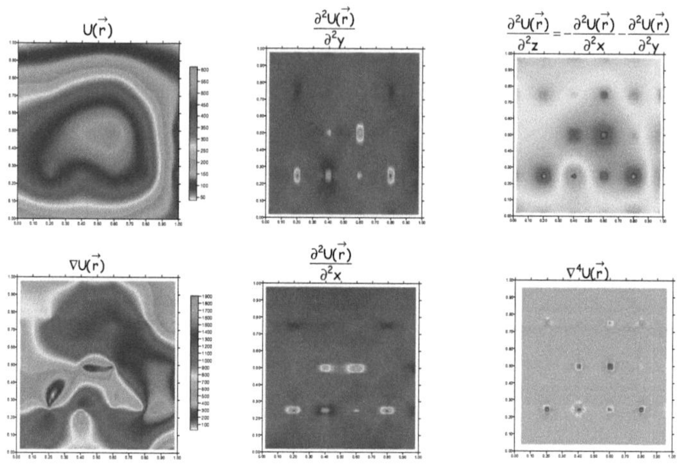

Figura 4. 11 Interpretación grafica de los operadores vectoriales.

Teniendo de esta manera, la expresión final para el potencial en términos de una serie discreta doble de Fourier como:

$$f(x,y) = \sum_{m=1}^{\infty} \sum_{n=1}^{\infty} C_{mn} \, Sen\left(\frac{2\pi m}{M} x\right) Sen\left(\frac{2\pi n}{N} y\right) \qquad (4.36)$$

Con lo cual WU_{mn} es la transformada del campo potencial U en términos de

$$C_{mn} = b_{mn} \, Sen \, h\left(K_{mn} z\right)$$

$$C_{mn} = \frac{4}{MN} \int_0^M \int_0^N F(x,y) \, Sen\left(\frac{2\pi m}{M} x\right) Sen\left(\frac{2\pi n}{N} y\right) dy \, dx \qquad (4.37)$$

El tamaño de la muestra es M * N.

$$V_{x,y} = V_{i,j} = \frac{1}{MN} \sum_{n=0}^{\infty} \sum_{m=1}^{\infty} WV_{mn} \, e^{z.K_{mn}} e^{i \, K_{mn} \cdot r} \qquad (4.38)$$

Las expresiones del potencial se pueden presentar como expresiones de una serie de Fourier, al igual que sus respectivas derivadas direccionales en dominio de la frecuencia, tal como se muestra a continuación.

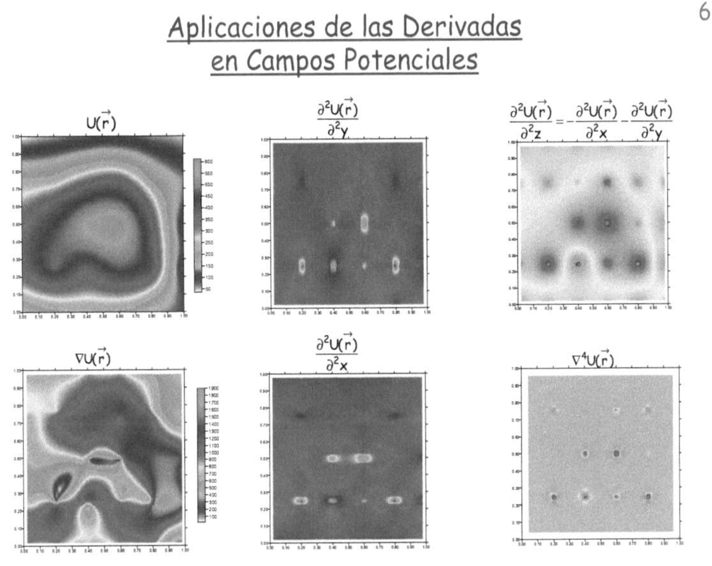

Figura 4. 12 Interpretación grafica de los operadores vectoriales.

Ejercicio # 4.1

Teniendo datos que nos representan el potencial tomados en puntos equidistantes, hallar la serie trigonométrica:

θ	0	$\pi/6$	$\pi/3$	$\pi/2$	$2\pi/3$	$5\pi/6$	π	$7\pi/6$	$4\pi/3$	$3\pi/2$	$5\pi/3$	$11\pi/6$
V(J)	0	2.3	5.5	8.9	10.8	11.4	9.9	4.8	0	0	0	0

Se tiene que los coeficientes de la serie de Fourier para $f(\theta)$, están dados como sigue:

$$a_0 = \frac{1}{\pi} \int_0^{2\pi} f(\theta)\, d\theta = \quad 2 \; valor \; medio \; f(\theta)$$

$$a_n = \frac{1}{\pi} \int_0^{2\pi} f(\theta)\, Cos \; n\theta \; d\theta = \quad 2 \; valor \; medio \; f(\theta)\, Cos \; n\theta$$

$$b_n = \frac{1}{\pi} \int_0^{2\pi} f(\theta)\, Sen \; n\theta \; d\theta = \quad 2 \; valor \; medio \; f(\theta)\, Sen \; n\theta$$

Los datos se ordenan de la siguiente manera:

$\theta°$	v	Cosθ	V Cosθ	Sen θ	V Senθ	Cos 2θ	V Cos 2θ	Sen 2θ	V Sen 2θ
0	0	1	0	0	0	1	0	0	0
30	2.3	0.86	1.99	0.5	1.15	0.5	1.15	0.86	1.99
60	5.5	0.5	2.75	0.86	4.76	-0.5	-2.75	0.86	4.76
90	8.9	0	0	1	8.9	-1	-8.8	0	0
120	10.8	-0.5	-5.4	0.86	9.35	-0.5	-5.4	-0.86	-9.35
150	11.4	-0.86	-9.87	0.5	5.7	0.5	5.7	-0.86	-9.87
180	9.9	-1	-9.9	0	0	1	9.9	0	
210	4.8	-0.86	-4.16	-0.5	-2.4	0.5	2.4	0.86	0
240	0	-0.5	0	-0.86	0	-0.5	0	0.86	4.16
270	0	0	0	1	0	-1	0	0	0
300	0	0.5	0	-0.86	0	-0.5	0	-0.86	0
330	0	0.86	0	-0.5	0	0.5	0	-0.86	0
Σ	53.6		-24.59		27.46		2.10		-8.31
$\Sigma / 6$	8.9		- 4.1		4.6		0.3		- 1.4

Como no se conoce la función   v = $f_{(\theta)}$, se tratara de encontrar una aproximación para el valor medio de la función, tomando la media de los valores dados del potencial dispuestos en la tabla precedente, es decir: $\dfrac{\sum_i v_i}{12}$

de manera semejante para los términos pares e impares en la forma

$$\frac{\sum v\,Cos\,n\theta}{12} \quad ; \quad \frac{\sum v\,Sen\,n\theta}{12}$$ los coeficientes se pueden calcular mediante:

$$a_0 = \frac{\sum_i v_i}{6} \qquad a_n = \frac{\sum_i v_i\,Cos\,n\theta}{6} \qquad b_n = \frac{\sum_i v_i\,Sen\,n\theta}{6}$$

Los valores que se obtienen corresponden a:

$$a_0 = 8.9 \qquad a_1 = -4.1 \qquad b_1 = 4.6 \qquad a_2 = 0.3 \qquad b_2 = -1.4$$

La expresión de la serie es:

$$V_{(T)} = 8.9 - 4.1\,Cos\,\theta + 4.6\,Sen\,\theta + 0.3\,Cos\,2\theta - 1.4\,Sen\,2\theta + \ldots\ldots\ldots$$

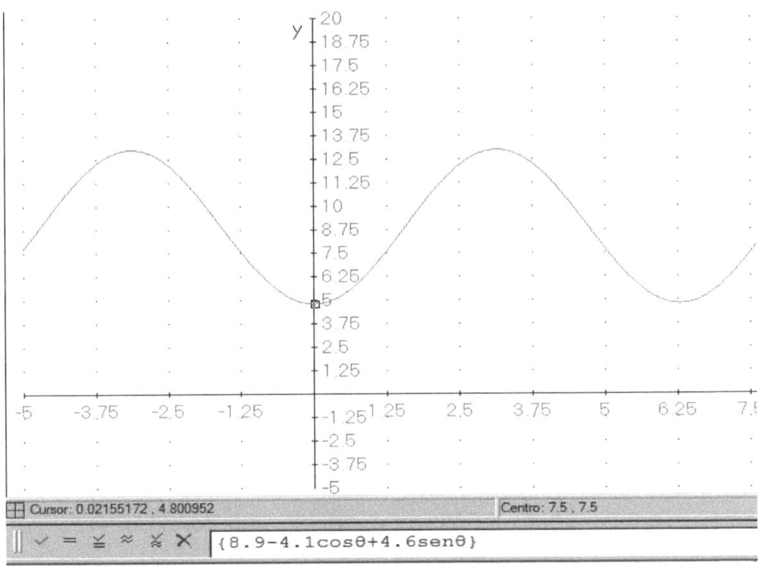

Figura 4. 13 Grafica de la serie armónica.

<u>Nota importante</u>: sí se toma un periodo de 2π, se divide en K intervalos, el método solo es confiable en estimación de las primeras $\left(\dfrac{K}{2}-1\right)$ armónicas.

4.7 Solución a la ecuación de Laplace en armónicos esféricos

Ahora, el rumbo a seguir es el desarrollo de la ecuación de Laplace $\nabla^2 V = \nabla \bullet \nabla V = 0$ en armónicos esféricos.

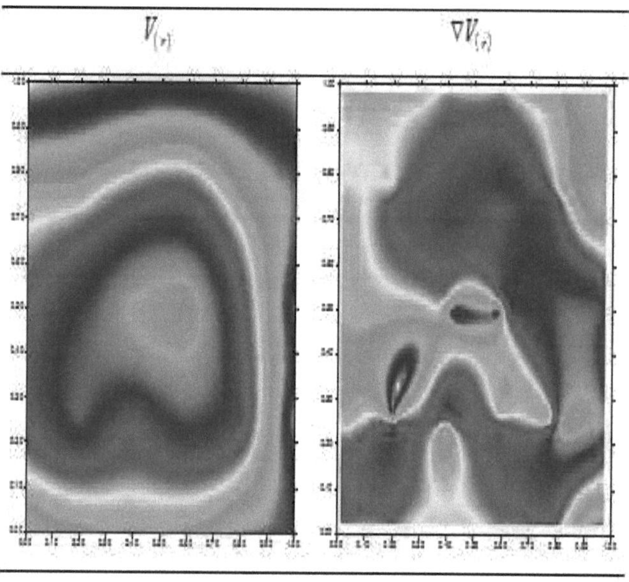

Figura 4. 14 Función potencial y el campo de fuerzas.

Asumiendo una distribución de masa que genera un campo potencial gravitacional en un punto A, ubicado en las coordenadas (x, y, z). Sean $h_1, h_2\ h_3$ los factores de escala en coordenadas curvilíneas esféricas, expresados como:

$$h_r = 1$$
$$h_\theta = r$$
$$h_\lambda = r\ Sen\theta$$

$$(4.39)$$

112

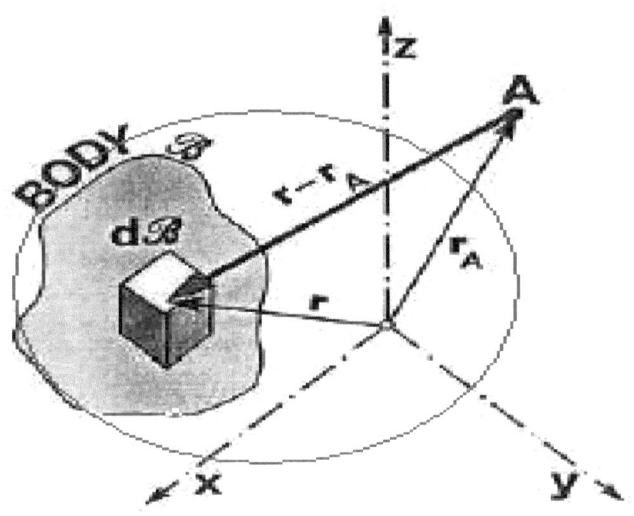

Figura 4. 15 Atracción entre dos cuerpos.

Tomando la ecuación de Laplace en coordenadas esféricas:

$$\nabla^2 V_{r,\theta,\lambda} = \frac{1}{h_r\, h_\theta\, h_\lambda}\left[\frac{\partial}{\partial r}\left(\frac{h_\theta\, h_\lambda}{h_r}\frac{\partial V}{\partial r}\right) + \frac{\partial}{\partial \theta}\left(\frac{h_r\, h_\lambda}{h_\theta}\frac{\partial V}{\partial \theta}\right) + \frac{\partial}{\partial \lambda}\left(\frac{h_r\, h_\theta}{h_\lambda}\frac{\partial V}{\partial \lambda}\right)\right] = 0$$

(4.40)

Remplazando en (5.40) se obtiene:

$$\nabla^2 V = \frac{1}{r^2\, Sen\,\theta}\left[\frac{\partial}{\partial r}\left(r^2 Sen\,\theta \frac{\partial V}{\partial \theta}\right) + \frac{\partial}{\partial \theta}\left(Sen\,\theta \frac{\partial V}{\partial \theta}\right) + \frac{\partial}{\partial \lambda}\left(\frac{1}{Sen\,\theta}\frac{\partial V}{\partial \lambda}\right)\right] = 0$$

(4.41)

Realizando las derivadas:

$$\nabla^2 V = \frac{\partial^2 V}{\partial r^2} + \frac{2}{r}\frac{\partial V}{\partial r} + \frac{1}{r^2}\frac{\partial^2 V}{\partial \theta^2} + \frac{1}{r^2}Cot\,\theta\,\frac{\partial V}{\partial \theta} + \frac{1}{r^2\, Sen^2\theta}\frac{\partial^2 V}{\partial \lambda^2} = 0$$

(4.42)

Multiplicando la ecuación (4.42) por r^2:

$$\nabla^2 V = r^2\frac{\partial^2 V}{\partial r^2} + 2r\frac{\partial V}{\partial r} + \frac{\partial^2 V}{\partial \theta^2} + Cot\,\theta\,\frac{\partial V}{\partial \theta} + \frac{1}{Sen^2\theta}\frac{\partial^2 V}{\partial \lambda^2} = 0$$

(4.43)

Haciendo un cambio de variable y dividiendo por $F_r\, Y_{\theta\lambda}$ en la ecuación (4.43):

113

$$V = F_r\, Y_{\theta\lambda}$$

$$V' = F'\,Y \qquad V'' = F''\,Y$$

$$V' = F\,Y' \qquad V'' = F\,Y''$$

$$\nabla^2 V = r^2 \frac{F''}{F} + 2r\frac{F'}{F} + \frac{Y_\theta''}{Y_\theta} + Cot\theta\,\frac{Y_\theta'}{Y} + \frac{1}{Sen^2\theta}\frac{Y_\lambda''}{Y_\lambda} = 0 \tag{4.44}$$

Realizando una separación de variables e igualando a una constante de separación n(n+1) en la expresión (5.44), se obtiene:

$$\nabla^2 V = r^2 \frac{F''}{F} + 2r\frac{F'}{F} = -\left[\frac{Y_\theta''}{Y_\theta} + Cot\,\theta\,\frac{Y_\theta'}{Y_\theta} + \frac{1}{Sen^2\theta}\frac{Y_\lambda''}{Y_\lambda}\right] = n(n+1) \tag{4.45}$$

Separando las dependencias radial y angular:

$$a)\; r^2 F'' + 2r\,F' - n\,(n+1)\,F = 0$$

$$b)\; -\left[\frac{Y_\theta''}{Y_\theta} + Cot\,\theta\,\frac{Y_\theta'}{Y_\theta} + \frac{1}{Sen^2\,\theta}\frac{Y_\lambda''}{Y_\lambda}\right] = n\,(n+1) \tag{4.46}$$

Tomando la ecuación de dependencia radial, tenemos:

$$r^2 F'' + 2r\,F' - n\,(n+1)\,F = 0 \tag{4.47}$$

Haciendo un cambio de variable con dependencia implícita:

$$F = R(r) \qquad\qquad r = \lambda^t$$

$$F' = \frac{1}{r}R' \qquad\qquad \ln r = t\,\ln\lambda$$

$$F'' = \frac{1}{r^2}R'' - \frac{1}{r^2}R' \qquad\qquad \frac{1}{r} = \frac{dt}{dr}$$

Remplazando en la expresión (5.46 a):

$$r^2\left[\frac{1}{r^2}R'' - \frac{1}{r^2}R'\right] + 2r\left(\frac{1}{r}R'\right) - n\,(1+n)\,R = 0 \tag{4.48}$$

Obteniendo:

$$R'' + R' - n(n+1)R = 0 \tag{4.49}$$

La expresión (5.49) es conocida como la ecuación de Euler. Para su solución la ecuación característica:

$$\alpha_{12} = -\frac{1}{2} \pm \frac{\sqrt{(1+2n)^2}}{2} \tag{4.50}$$

De tal forma que las soluciones de la ecuación diferencial sean:

$$t_1 = r^n$$
$$t_2 = r^{-(n+1)} \tag{4.51}$$

Entonces el potencial se pude expresar parcialmente en los términos:

$$V_i = \sum_{n=0}^{\infty} r^n Y_{\theta\lambda}$$

$$V_e = \sum_{n=0}^{\infty} r^{-(n+1)} Y_{\theta\lambda} \tag{4.52}$$

Teniendo que la solución radial se conoce como armónicos sólidos de superficie, ahora Tomamos la ecuación de dependencia angular, que corresponde a la expresión (4.45.b):

$$-\left[\frac{Y_\theta''}{Y} + Cot\,\theta\,\frac{Y_\theta'}{Y} + \frac{1}{Sen^2\theta}\frac{Y_\lambda''}{Y}\right] = n(n+1) \qquad (b)$$

$$\left[\frac{Y_\theta''}{Y} + Cot\,\theta\,\frac{Y_\theta'}{Y} + \frac{1}{Sen^2\theta}\frac{Y_\lambda''}{Y}\right] + n(n+1) = 0 \qquad (b.1)$$

$$Y_\theta'' + Cot\,\theta\,Y_\theta' + \frac{1}{Sen^2\theta}Y_\lambda'' + n(n+1)Y = 0 \qquad (b.2)$$

$$\tag{4.53}$$

Haciendo un cambio de variable, se tiene:

$$Y = g_\theta \, h_\lambda$$
$$Y' = g' h \qquad\qquad Y'' = g'' h$$
$$Y' = g h' \qquad\qquad Y'' = g h'' \tag{4.54}$$

Remplazando en la expresión (4.46.b):

$$g'' h + Cot\,\theta\; g' h + \frac{1}{Sen^2\theta} g h'' + n\,(n+1)\; gh = 0 \tag{4.55}$$

Multiplicando por $(sen^2\theta / gh)$ e igualando a una constante m de separación de variables en (4.55):

$$Sen^2\theta\; \frac{g''}{g} + Sen\,\theta\; Cos\,\theta \frac{g'}{g} + n(n+1)Sen^2\theta = -\frac{h''}{h} = m \tag{4.56}$$

Con lo cual se tienen las ecuaciones de dependencia en θ y λ respectivamente:

<u>Dependencia angular en λ</u>:

$$-\frac{h''}{h} = m \quad \Rightarrow \quad h'' + hm = 0 \tag{4.57}$$

La cual tiene la misma forma matemática para describir el movimiento armónico simple. Proponiendo una solución en la forma:

$$h_1 = A\,Cos\,m\lambda$$
$$h_2 = B\,Sen\,m\lambda \tag{4.58}$$

Las soluciones anteriores son conocidas como las eigen funciones.

<u>Dependencia angular en θ</u>:

$$Sen^2\theta\; g'' + Sen\,\theta\; Cos\theta\; g' + \left\lfloor n\,(n+1)Sen^2\theta - m \right\rfloor g = 0 \tag{4.59}$$

Para solucionar esta última expresión, se propone un cambio de variable, así:

$$g = F(\tau)$$
$$\tau = Cos\,\theta \qquad d\tau = -\,Sen\,\theta\;d\theta$$
$$\frac{d\tau}{d\theta} = -\,Sen\,\theta$$
$$g' = \frac{dF}{d\tau}\frac{d\tau}{d\theta} = -\,Sen\,\theta\;F'$$
$$g'' = F''\frac{d\tau}{d\theta}(-Sen\,\theta) + F'(-Cos\,\theta) = Sen^2\,\theta\;F'' - Cos\,\theta\;F'$$

$$(4.60)$$

Remplazando en la ecuación de dependencia angular en θ:

$$Sen^2\,\theta\left[Sen^2\,\theta\;F'' - Cos\,\theta\;F'\right] + Sen\,\theta\;Cos\,\theta\left[-Sen\,\theta\;F'\right] + \left[n(n+1)Sen^2\,\theta - m\right]F = 0 \qquad (4.61)$$

Dividiendo por sen²θ:

$$Sen^2\,\theta\;F'' - 2\,Cos\,\theta\;F' + \left[n(n+1) - \frac{m}{Sen^2\,\theta}\right]F = 0 \qquad (4.62)$$

Con: $Sen^2\,\theta = 1 - Cos^2\,\theta$ la expresión que se obtiene corresponde a:

$$\left[(1-\tau^2)F'\;\right]' + \left(C_1 - \frac{C_2}{1-\tau^2}\right)F = 0 \qquad (4.63)$$

Conocida como la ecuación de Legendre, sus soluciones son las funciones asociadas de Legendre P_{nm} (Cos θ). Así la ecuación de dependencia angular, tiene la presentación siguiente:

$$Y_{\theta\lambda} = \sum_{m=0}^{n} P_{nm}\left[A_{nm}\,Cosm\lambda + B_{nm}\,Senm\lambda\right]$$

$$P_n = \sum_{k=0}^{N}\frac{(-1)^k\,(2n-2k)!}{2^n\;k!\,(n-k)!\,(n-2k)!}\tau^{n-2k} \quad \Rightarrow Polinomio\,de\,Legendre$$

$$P_{nm} = \left(1-\tau^2\right)^{m/2}\frac{d^m}{d\tau^m}P_n(\tau) \qquad \Rightarrow Funciones\,asociada\,de\,Legendr$$

$$(4.64)$$

Finalmente, la ecuación del potencial gravitacional para el interior y exterior de la masa generadora del campo, tiene la solución:

$$V_i = \sum_{n=0}^{\infty} \sum_{m=0}^{n} \left(\frac{r}{a}\right)^n P_{nm}(\tau)\left[A_{nm}\, Cosm\lambda + B_{nm}\, Senm\lambda\right]$$

$$V_e = \sum_{n=0}^{\infty} \sum_{m=0}^{n} \left(\frac{r}{a}\right)^{-(n+1)} P_{nm}(\tau)\left[A_{nm}\, Cosm\lambda + B_{nm}\, Senm\lambda\right]$$

$$(4.65)$$

La expansión del potencial gravitacional hasta grado dos (2), corresponde con:

$$V_{r,\theta,\lambda} = \begin{bmatrix} \left[\dfrac{r}{a}\right]^{-1} P_{00}\, A_{00} \\[2ex] + \left[\dfrac{r}{a}\right]^{-(1+1)} \{\, p_{10}[A_{10}] + P_{11}\,[A_{11}\, Cos\lambda + B_{11}\, Sen\lambda]\,\} \\[2ex] + \left[\dfrac{r}{a}\right]^{-(2+1)} \left\{\begin{array}{l} p_{20}[A_{20}] + P_{21}\,[A_{21}\, Cos\lambda + B_{21}\, Sen\lambda] \\ \quad + P_{22}\,[A_{22}\, Cos2\lambda + B_{22}\, Sen2\lambda] \end{array}\right\} \end{bmatrix} \qquad (4.66)$$

Donde r es la distancia al punto de medición, <u>a</u> es el radio del elipsoide de revolución. Se cuenta además con una forma alternativa correspondiente a:

$$V_{r,\theta} = \frac{KM}{r}\left(1 + \sum_{n=1}^{\infty} J_n \left(\frac{a}{r}\right)^n P_n(\tau)\right)$$

$$J_n = \frac{a\, A_n}{KM}$$

$$(4.67)$$

Los valores de los coeficientes de J_n

$J_0 = 1$	$J_1 = 0$
$J_2 = 0.1082\ 6298\ 2131 \cdot 10^{-2}$	
$J_4 = -0.2370\ 9112\ 0053 \cdot 10^{-5}$	
$J_6 = 0.6083\ 4649\ 8882 \cdot 10^{-8}$	

Dado que un cuerpo celeste girará en una órbita, la cual se considera una superficie equipotencial, una expresión más aproximada para este potencial corresponde a:

$$V_{r,\theta} = \frac{KM}{r} \begin{bmatrix} contribución\ esférica\ + \\ achatamiento \\ asimetría\ ecuatorial \end{bmatrix} +$$

(4.67.1)

Siendo

$$Contribución\ sférica = 1 + \frac{A_2}{r^2}\left[\frac{1}{3} - Sen^2\varphi\right]$$

$$Achatamiento$$

$$= \frac{A_3}{r^2}\ (2.5\ Sen^2\varphi - 1.5)\ Sen\varphi$$

$$+ \frac{A_3}{r^5}\left(\frac{15}{8} - \frac{35}{4}\ Sen^2\varphi + \frac{63}{8}Sen^4\varphi\right)\ Sen\varphi$$

$$Asimetría\ ecuatorial = \frac{A_4}{r^4}\left[\frac{3}{35} + \frac{1}{7}\ Sen^2\varphi - \frac{1}{4}Sen^2 2\varphi\right]$$

Contando con las expresiones de los coeficientes:

$$A_2 = \left(1.62329 \pm 0.00004\right) \bullet 10^{-3}\ a^2$$
$$A_3 = \left(2.29 \pm 0.02\right) \bullet 10^{-6}\ a^3$$
$$A_4 = \left(9.3 \pm 0.2\right) \bullet 10^{-6}\ a^4$$
$$A_5 = \left(2.3 \pm 0.2\right) \bullet 10^{-7}\ a^5$$

Donde **a** es el radio del elipsoide de referencia.

Si tenemos en cuenta que el problema de la geodesia es determinar la figura y el campo de gravedad externo de la tierra y de otros cuerpos celestes como una función del tiempo, por medio de observaciones sobre y el exterior de la superficie de esos cuerpos.

$$V(r,\varphi) = \left(\left(Esfera \times \frac{KM}{r}\right) + \left(Achatamiento \times \frac{KM}{r}\right) + \left(Asimetría \times \frac{KM}{r}\right)\right)$$

Figura 4. 16 Interfaz para el usuario del programa de cálculo de potencial gravitacional.

Se hace necesario desarrollar la teoría para tal objetivo, Los problemas de frontera incorporan formulaciones geométricas y físicas necesarias para obtener resultados acordes con las observaciones.

Teniendo la solución de la ecuación de Laplace del potencial gravitacional en armónicos esféricos para el problema de frontera de Dirichlet, presentada en la forma

$$V_e = \sum_{n=0}^{\infty} \sum_{m=0}^{n} \left(\frac{r}{a}\right)^{-(n+1)} P_{nm}(Cos\theta)\left[A_{nm}\, Cos\, m\lambda + B_{nm}\, Sen\, m\lambda\right] \qquad (4.68)$$

La expresión (5.68) es resultado de las soluciones de las ecuaciones diferenciales de dependencia radial y angular en λ y θ. Estas ecuaciones corresponden con:

- $R'' + R' - n\left(n+1\right)R = 0$, ecuación de Euler

- $h'' + hm = 0$, ecuación del MAS.

- $\left[\left(1-\tau^2\right)F'\right]' + \left(C_1 - \dfrac{C_2}{1-\tau^2}\right)F = 0$, ecuación de Legendre

De esta manera el tema para el trabajo autónomo es concerniente con la obtención de los polinomios de Legendre, los cuales se hallan mediante:

$$P_n = \sum_{k=0}^{N} \frac{(-1)^k\,(2n-2k)!}{2^n\, k!\,(n-k)!\,\,(n-2k)!}\,\tau^{n-2k}$$

$$N\begin{cases} \dfrac{n}{2} & \rightarrow si\ n\ es\ par \\[2mm] \dfrac{n-1}{2} & \rightarrow si\ n\ es\ impar \end{cases} \qquad (4.69)$$

De donde se tiene que $P_0 = 1$, $P_1 = \tau = Cos\ \theta$, Los primeros términos de los polinomios se pueden dar como se muestra en la tabla 5.

Tabla. 3 Expresiones de los cinco primeros polinomios de Legendre.

n	$P_n(\tau)$
0	1
1	τ
2	$\dfrac{1}{2}(3\tau^2 - 1)$
3	$\dfrac{1}{2}(5\tau^3 - 3\tau)$
4	$\dfrac{1}{8}(35\tau^4 - 30\tau^2 + 3)$
5	$\dfrac{1}{8}(63\tau^5 - 70\tau^3 + 15\tau + 3)$

Ejercicio # 4.2

Obtener P_3, teniendo en cuenta que $N = \dfrac{n}{2}$ si n es par y si es impar,

$N = \dfrac{n-1}{2}$

$$P_3 = \sum_{k=0}^{N=\frac{3-1}{2}} \frac{(-1)^k (2.3 - 2k)!}{2^3 \, k! \, [3-k]! \, (3-2k)!} \tau^{3-2k}$$

$$P_3 = \frac{(-1)^0 (6-0)!}{2^3 \, 0! \, [3-0]! \, (3-0)!} \tau^3 + \frac{(-1)^1 (6-2)!}{2^3 \, 1! \, [3-1]! \, (3-2)!} \tau^{3-2}$$

$$P_3 = \frac{5}{2} Cos^3\theta - \frac{3}{2} Cos\theta$$

Este polinomio se puede calcular para una latitud de $\varphi=4°$, donde la colatitud es $\theta=86°$

$$P_3 = \frac{5}{2} Cos^3\theta - \frac{3}{2} Cos\theta = -0.1037$$

Las funciones asociadas de Legendre, se pueden obtener de acuerdo con

$$P_{n\,m} = \left(1 - Cos^2\ \theta\right)^{m/2} \frac{d^m}{d\,\tau^m} P_n \qquad\qquad (4.70)$$

Las expresiones de las primeras funciones se presentan en la tabla:

Tabla. 4 Presentación de las funciones de Legendre.

Grado n	Orden m	Polinomio	Función de Legendre
0	0	$P_0 = 1$	$P_{00} = 1$
1	0	$P_1 = \tau$	$P_{10} = Cos\theta$
1	1	$P_1 = \tau$	$P_{11} = Sen\theta$
2	0	$P_2 = \frac{1}{2}(3\tau^2 - 1)$	$P_{20} = \frac{3}{2}Cos^2\theta - \frac{1}{2}$
2	1	$P_2 = \frac{1}{2}(3\tau^2 - 1)$	$P_{21} = 3Cos\theta Sen\ \theta$
2	2	$P_2 = \frac{1}{2}(3\tau^2 - 1)$	$P_{22} = 3Sen^2\theta$

Realizando el ejercicio para obtener P_{31};

El polinomio P_3 corresponde a:

$$P_3 = \frac{5}{2}\tau^3 - \frac{3}{2}\tau$$

La función asociada P_{31} es:

$$P_{31} = \left(1 - Cos^2\ \theta\right)^{1/2} \frac{d}{d\,\tau}\left[\frac{5}{2}\tau^3 - \frac{3}{2}\tau\right]$$

$$P_{31} = Sen\theta\left[\frac{15}{2}\tau^2 - \frac{3}{2}\right]$$

$$P_{31} = \frac{3}{2}\left[5\,Cos^2\theta - 1\right]Sen\theta$$

Las gráficas de los polinomios, se dan a continuación:

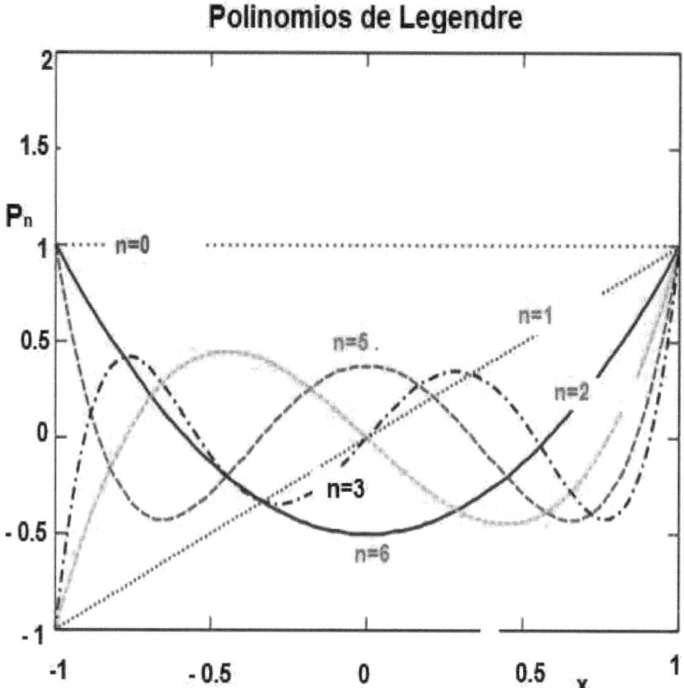

Figura 4. 17 Graficas de los cinco primeros polinomios de Legendre.

4.8 Información física de los polinomios

➢ P_{11} Exceso de masa en el hemisferio Occidental.

➢ P_{20} Exceso de masa en el Ecuador.

➢ P_{21} Movimiento de precesión (Polo medio de rotación, polo de referencia).

➢ P_{30} Forma de la Tierra.

Sobre los coeficientes de amplitud se tienen sus expresión es matemáticas

$$A_{00} = \frac{K}{a} \int_v \rho \left(\frac{r}{a}\right)^n P_{00} \, dv$$

$$A_{nm} = \frac{2K}{a} \frac{(n-m)!}{(n+m)!} \int_v \rho \left(\frac{r}{a}\right)^n P_{nm} \, Cos \, (m\lambda) \, dv \qquad (4.71)$$

$$B_{nm} = = \frac{2K}{a} \frac{(n-m)!}{(n+m)!} \int_v \rho \left(\frac{r}{a}\right)^n P_{nm} \, Sen \, (m\lambda) \, dv$$

$$dv = h_1 \, h_2 \, h_3 \, du_1 \, du_2 \, du_3$$

De las ecuaciones presentadas anteriormente, se desprende que:

$$A_{00} = \frac{K\,M}{r} \tag{5.72}$$

Que corresponde al potencial gravitacional de una masa puntual, siendo este el valor promedio de la función de potencial del campo gravitacional. Otros coeficientes de amplitud importantes en este desarrollo son

$$A_{10} = \frac{2K}{a^2} \int_v \rho\, r\, P_{10}\, dv = \frac{2K}{a^2} \int_v \rho\, r\, Cos\theta\, dv = \frac{2K}{a^2} \int_M Z_{CM}\, dM = \frac{2K}{a^2}\xi \tag{5.73}$$

$$A_{11} = \frac{K}{a^2} \int_v \rho\, r\, P_{11}\, dv = \frac{K}{a^2} \int_v r\, Sen\theta\, Cos\,\lambda\, dv = \frac{K}{a^2} \int_M X_{CM}\, dM = \frac{2K}{a^2}\varsigma \tag{5.74}$$

$$B_{11} = \frac{K}{a^2} \int_v \rho\, r\, P_{11}\, dv = \frac{K}{a^2} \int_v r\, Sen\theta\, Sen\,\lambda\, dv = \frac{K}{a^2} \int_M Y_{CM}\, dM = \frac{2K}{a^2}\eta \tag{5.75}$$

Los coeficientes anteriormente descritos corresponden a las coordenadas del centro de masa terrestre.

4.9 Información física de los coeficientes

➢ A_{10} A_{11} B_{11} Centros de masa, en la superficie r=a:
➢ A_{20} A_{22} Momentos principales de Inercia.
➢ A_{21} B_{21} B_{22} Productos de inercia.

4.10 Los coeficientes armónicos esféricos y su interpretación geométrica

Los coeficientes armónicos esféricos se pueden estudiar a partir de:

4.10.1 Zonales

Se obtienen cuando m=0, de tal forma que se tiene una dependencia de la latitud., dividiendo la esfera en zonas. Si n es par se divide la esfera simétricamente respecto al ecuador, por ejemplo para n= 2, se tienen dos ceros en la función que corresponden a θ=54.7° (φ=90°-54.7° =<u>35.3°</u>) y θ=125.3° (125.3°-90°=<u>35.3°</u>). Los ceros de la función se calculan igualando a cero los P_n, produciendo:

➢ Ceros de la función = n

➢ Zonas= n+1.

➢ $P_{n\,0} = 0$

Para el trabajo de cálculo de ceros de la función, este se realiza sobre los polinomios de Legendre debido a que se tiene dependencia angular en la colatitud y para los signos de los armónicos de amplitud:

$$A_{00} = \frac{K}{a} \int_v \rho \left(\frac{r}{a}\right)^n P_{00}\ dv$$

(4.76)

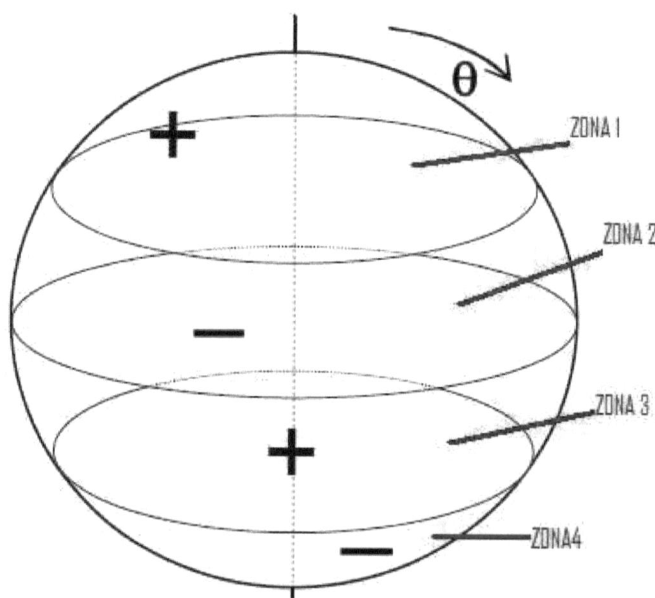

Figura 4. 18 Representación de un armónico zonal.

Además se tiene el intervalo considerado $[-1, 1]$, debido a la variable implícita $\tau = \mathbf{Cos\theta}$ de los polinomios de Legendre $P_{n(\tau)}$ obtenidos en la solución del potencial para las ecuaciones de dependencia angular:

$$P_{n\,m}(\tau) = P_{nm}\left(Cos\ \theta\right) = p_{n\,0}$$

$$\tau = Cos\ \theta$$
$$n = ceros$$
$$n = cambios \quad de \quad signo$$
$$n + 1 = \quad zonas$$

4.10.2 Sectoriales

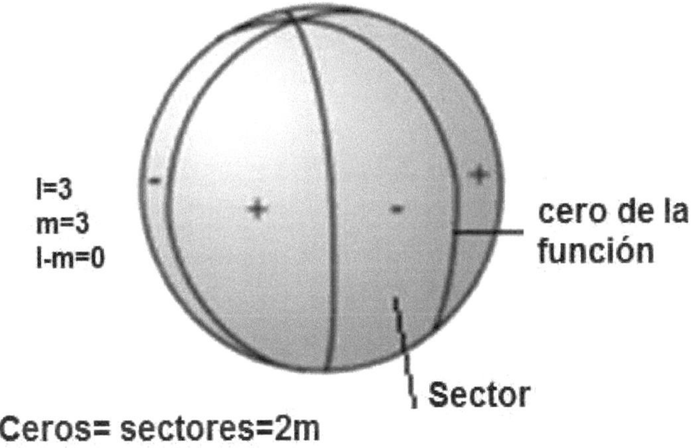

Figura 4. 19 Gráfica de un armónico sectorial.

Se tienen para n=m, dividiendo la esfera en sectores teniendo dependencia en longitud. Se tendrán entonces 2m ceros y 2m sectores los ceros de la función se obtienen igualando las funciones Sen (mλ) ó Cos (mλ). Su grafica se presenta a continuación.

➢ 2m =ceros de la función.

➢ 2m = sectores

➢ $\begin{cases} Sen\ m\lambda = 0 \\ Cos\ m\lambda = 0 \end{cases}$

4.10.3 Teserales = teselas

Se tienen cuando n>m, dividendo la esfera unitaria en cuadriculas denominadas téseras, su signo se obtiene haciendo ley de signos de la zona y el sector, lo que con lleva a realizar un cálculo de ceros para la zona y otro para el sector, su grafica corresponde con:

➢ n-m=ceros en θ

➢ 2m=ceros en λ

➢ $\begin{cases} P_{nm} = 0 \\ Cos\ m\lambda = 0 \\ Sen\ m\lambda = 0 \end{cases}$

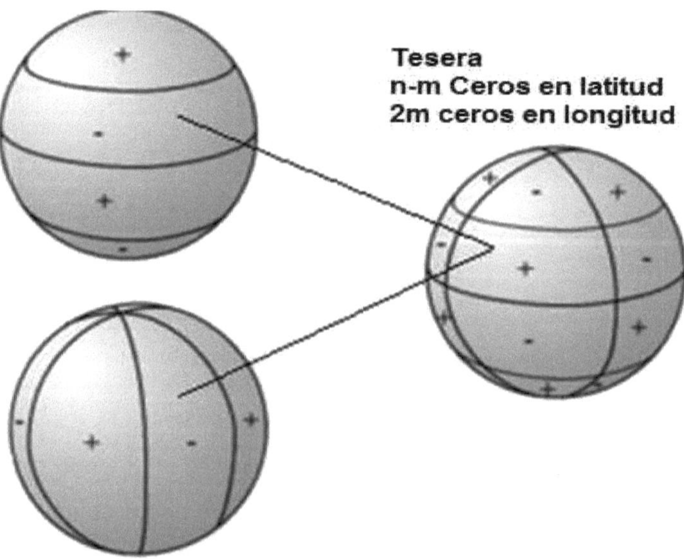

Figura 4. 20 Armónico tésera en un punto con latitud y longitud.

4.11 Información de los coeficientes

- A_{10} A_{11} B_{11} Centros de masa, en la superficie r=a:

$$A_{10} = \frac{2K}{a^2}\frac{1}{1!}\int_v \rho\, r\, Cos\,\theta\, dv = \frac{2K}{a}\int_M Z_{CM}\, dm = \frac{2K}{a^2}\xi$$

$$A_{11} = \frac{2K}{a^2}\frac{1}{2!}\int_v \rho\, r\, Sen\,\theta\, Cos\,\lambda\, dv = \frac{K}{a^2}\int_M X_{CM}\, dm = \frac{K}{a^2}\varsigma$$

$$B_{11} = \frac{2K}{a^2}\frac{1}{2!}\int_v \rho\, r\, Sen\,\theta\, Sen\,\lambda\, dv = \frac{K}{a^2}\int_M Y_{CM}\, dm = \frac{K}{a^2}\eta$$

- A_{20} A_{22} Momentos principales de Inercia.
- A_{21} B_{21} B_{22} Productos de inercia.

4.12 Observaciones sobre el potencial gravitacional

- El potencial V es armónico en todos los puntos donde no hay masas atrayentes, determinando así el potencial gravitacional terrestre.
- Queda determinado así el problema inverso de la Geodesia física, enunciado como "determinación de masas a partir del potencial".
- Conocida la función V, la cual es armónica en el interior y exterior de las masas con superficie S. Esta función queda determinada por los valores en la frontera S por lo tanto estaremos en los dominios teóricos del problema de Dirichlet.
- Se tiene así la primera aproximación al teorema de Stokes, el cual establece la existencia de una función armónica que toma sobre la superficie los valores de contorno dados.
- Las primeras derivadas del potencial, son aceleraciones del campo   (ms^{-2}, cms^{-2} = gal, mgal).
- Las segundas derivadas del potencial, representan la forma de la superficie equipotencial en el punto p.

➤ Un punto singular es aquel donde la función armónica pierde sus propiedades.

4.13 Ecuación diferencial de Legendre

Dada la ecuación diferencial

$$(1 - x^2)\, y'' - 2x\, y' + n\,(n + 1)y = 0 \qquad (4.77)$$

Siendo n, una constante entera positiva. De la expresión general del problema de Sturn – Lioville se tiene:

$$(P_x\, y')' + r_x\, y + \lambda\, \omega_x\, y = 0 \qquad (4.78)$$

La ecuación (1) se puede escribir en la forma:

$$\left((1 - x^2)\, y'\right)' + \lambda y = 0 \qquad (4.79)$$

Haciendo

$$\begin{cases} P_X = 1 - x^2 \\ r_x = 0 \\ \omega_x = 1 \\ \lambda = n\,(n + 1) \end{cases}$$

Ahora la ecuación de Legendre, conforma un sistema de Sturn – Lioville en el intervalo [-1,1], de tal forma que

$$1 - x^2 = 0$$

$$|x| = \pm|1|$$

$$-1 \leq x \leq 1$$

La solución que se plantea, tiene la forma:

$$y = \sum_{j=0}^{\infty} a_j\, x^j \qquad (4.80)$$

Derivando la expresión (4)

$$y' = \sum_{j=1}^{\infty} j\, a_j\, x^{j-1} \qquad (4.81)$$

$$y'' = \sum_{j=1}^{\infty} j\, (j-1)a_j\, x^{j-2} \qquad (4.82)$$

Remplazando las ecuaciones 4, 5, 6 en la expresión 1, se obtiene:

$$\sum_{j=2}^{\infty} j\,(j-1)\,a_j\,x^{j-2} - 2\sum_{j=1}^{\infty} j\,a_j\,x^{j-1} + \sum_{j=0}^{\infty} n\,(n+1)a_j\,x^j = 0 \quad (4.83)$$

Realizando los productos en 7, se puede escribir

$$\begin{cases} r = j - 2 = 0 \\ r = j - 1 = 0 \end{cases}$$

$$\sum_{r=0}^{\infty}(r+2)\,(r+1)\,a_{r+2}\,x^r - \sum_{j=1}^{\infty} r(r-1)\,a_r\,x^r - 2\sum_{j=1}^{\infty} r\,a_r\,x^r +$$
$$\sum_{j=0}^{\infty} n\,(n+1)a_r\,x^r = 0 \quad (4.84)$$

Factorando en la ecuación anterior:

$$\sum_{r=0}^{\infty} x^r \left[(r+2)\,(r+1)\,a_{r+2} - \big(r(r-1) + 2r - n\,(n+1)\big)\,a_r \right] = 0$$
$$(4.85)$$

Lo anterior es válido para todo r, con lo se puede decir que el paréntesis es cero, de tal forma que:

$$a_{r+2} = \frac{r(r-1)+2r-n\,(n+1)}{(r+2)\,(r+1)}\,a_r \qquad (4.86)$$

$$a_{r+2} = \frac{r(r-1)+2r-n\,(n+1)}{(r+2)\,(r+1)}\,a_r \qquad (4.87)$$

$$a_{r+2} = \frac{r^2-r+2r-n\,(n+1)}{(r+2)\,(r+1)}\,a_r \qquad (4.88)$$

$$a_{r+2} = \frac{r^2+r-n\,(n+1)}{(r+2)\,(r+1)}\,a_r \qquad (4.89)$$

Factorizando el numerador de la expresión (4.89)

$$r = \frac{-1 \pm \sqrt{[1+4n(n+1)]}}{2} = \frac{-1 \pm \sqrt{[1+4n+n^2]}}{2} \qquad (4.90)$$

$$r = \frac{-1 \pm \sqrt{(2n+1)^2}}{2} = \frac{-1 \pm (2n+1)}{2} \qquad (4.91)$$

Las soluciones que se obtienen para n, son:

$$r = n$$

$$r = -(n+1)$$

Remplazando en la expresión (5.89)

$$a_{r+2} = \frac{(r-n)\,[r-[-(n+1)]]}{(r+2)\,(r+1)}\,a_r = -\,\frac{(n+r)\,(n+r+1)}{(r+2)\,(r+1)}\,a_r \qquad (4.92)$$

A partir de (5.80) se pueden considerar dos series, una par y otra impar, haciendo

➢ Serie par $a_0 = 1$, $a_1 = 0$
➢ Serie impar $a_0 = 0$, $a_1 = 1$
➢ Los polinomios de Legendre y la solución de la ecuación diferencial de Legendre

$$y = \sum_{r=0}^{\infty} a_{r+2}\, x^r \qquad (4.93)$$

La serie par tiene la forma

$$y_{par} = \sum_{r=0}^{\infty} a_{r+2}\, x^r = a_0\, x^0 + a_2\, x^2 + a_4\, x^4 + \cdots \qquad (4.94)$$

La correspondencia para coeficientes es

$$\begin{cases} a_0 = 1 \\[2mm] a_2 = -\,\dfrac{n\,(n+1)}{2}\,a_0 \\[2mm] a_4 = -\,\dfrac{(n-2)\,(n+3)}{12}\,a_2 \end{cases}$$

La serie par es:

$$y_{par} = \sum_{r=0}^{\infty} a_{r+2} \, x^r = 1 - \frac{n\,(n+1)}{2} a_0 \, x^2 + \frac{(n-2)\,(n+3)}{12} a_2 \, x^4 + \cdots \qquad (4.95)$$

$$y_{par} = \sum_{r=0}^{\infty} a_{r+2} \, x^r = 1 - \frac{n\,(n+1)}{2}.1.x^2 + \frac{(2-n)\,(n+3)}{12}\left[\frac{-n\,(n+1)}{2}.1\right] x^4 \quad (4.96)$$

$$y_{par} = \sum_{r=0}^{\infty} a_{r+2} \, x^r = 1 - \frac{n\,(n+1)}{2} x^2 - \frac{n\,(n+1)(n-2)\,(n+3)}{4!} x^4 + \cdots \qquad (4.97)$$

Si se toma la serie para n= 4, entonces

$$y_{par} = \sum_{r=0}^{4} a_{r+2} \, x^r = 1 - \frac{4\,(4+1)}{2} x^2 - \frac{4\,(2-4)\,(4+3)\,(4+1)}{4!} x^4 + \cdots \qquad (4.98)$$

$$y_{par} = \sum_{r=0}^{4} a_{r+2} \, x^r = 1 - \frac{4.5}{2} x^2 + \frac{4.2.7.5}{24} x^4 + \cdots = 1 - 10x^2 + \frac{35}{3} x^4$$

$$(4.99)$$

La serie impar tiene la forma

$$y_{impar} = \sum_{r=0}^{\infty} a_{r+2} \, x^r = a_1 x + a_3 \, x^3 + a_5 \, x^5 + \cdots \qquad (4.100)$$

Los primeros coeficientes son

$$\begin{cases} a_1 = 1 \\ a_3 = -\dfrac{(n-1)\,(n+2)}{6} a_1 \\ a_5 = -\dfrac{(n-3)\,(n+4)}{20} a_3 \end{cases}$$

La serie se puede hallar de acuerdo con

$$y_{impar} = \sum_{r=0}^{\infty} a_{r+2} \, x^r = x + \frac{(n-1)\,(n+2)}{6} a_1 \, x^3 - \frac{(n-3)\,(n+4)}{20} a_3 x^5 + \cdots \qquad (4.101)$$

$$y_{impar} = \sum_{r=0}^{\infty} a_{r+2} \, x^r = x - \frac{(n-1)\,(n+2)}{6} a_1 \, x^3 - \frac{(n-3)\,(n+4)}{20}\left[-\frac{(n-1)\,(n+2)}{6} a_1\right] x^5 + \qquad (4.102)$$

$$y_{impar} = \sum_{r=0}^{\infty} a_{r+2} \, x^r = x - \frac{(n-1)\,(n+2)}{3!} a_1 \, x^3 + \frac{(n-1)(n+2)(n-3)\,(n+4)}{5!} a_1 x^5 + \cdots \qquad (4.103)$$

Si se toma la serie con n=3,

$$y_{impar} = \sum_{n=0}^{\infty} a_{r+2}\, x^n = x - \frac{(3-1)\,(3+2)}{3!} a_1\, x^3 + \frac{(3-1)\,(3+2)(3-3)\,(3+4)}{120} a_1 x^5 \qquad (4.104)$$

$$y_{impar} = \sum_{r=0}^{\infty} a_{r+2}\, x^r = x - \frac{(2)\,(5)}{6} a_1\, x^3 + \frac{2.(5)(0)(7)}{120} a_1 x^5 + \cdots \qquad (4.105)$$

$$y_{impar} = \sum_{r=0}^{\infty} a_{r+2}\, x^r = x - \frac{5}{3} a_1\, x^3 + \cdots = x - \frac{5}{3}\, x^3 \qquad (4.106)$$

Ahora los polinomios de Legendre se pueden encontrar a partir de

$$y_n = P_n = \sum_{k=0}^{N} \frac{(-1)^k}{2^n\, k!}\, \frac{(2n-2k)!}{(n-k)!\,(n-2k)!}\, x^{n-2k} \qquad (4.107)$$

Dada la condición para el límite superior de la sumatoria

$$N \begin{cases} \dfrac{n}{2} \ \ si\ n\ es\ par \\[2ex] \dfrac{n-1}{2} \ \ si\ n\ es\ impar \end{cases}$$

Una forma alternativa para calcular estos coeficientes se da a continuación

$$P_n = \frac{1}{2^n n!}\, \frac{d^n}{dx^n} (x^2 - 1)^n \qquad (4.108)$$

Se obtienen dos soluciones en series de `potencias linealmente independientes

$$y_{par} = \sum_{r=0}^{\infty} a_{r+2}\, x^r = 1 - \frac{n\,(n+1)}{2} x^2 + \frac{n\,(n+1)(n-2)\,(n+3)}{4!}\, x^4 + \cdots \qquad (4.109)$$

$$y_{impar} = \sum_{r=0}^{\infty} a_{r+2}\, x^r = x - \frac{(n-1)\,(n+2)}{3!} a_1\, x^3 + \frac{(n-1)(n+2)(n-3)\,(n+4)}{5!} a_1 x^5 + \cdots \qquad (4.110)$$

Si n es par, la primera serie tiene fin, mientras que la serie impar es infinita.

4.14 Funciones asociadas de Legendre

A partir de la ecuación diferencial

$$(1 - x^2)\, y'' - 2x\, y' + \left[n\,(n+1) - \frac{m}{1-x^2} \right] y = 0 \qquad (4.111)$$

Donde m es n a constante entera, y cumpliendo $m^2 \leq n^2$ se propone la solución

$$y = (1 - x^2)^{m/2} \, U_x \qquad (4.112)$$

Realizando las derivadas

$$\begin{cases} y' = (1 - x^2)^{m/2} U_x{}' - mx \, (1 - x^2)^{\frac{m}{2}-1} \, U_x \\ y'' = (1 - x^2)^{\frac{m}{2}-1} \left[\dfrac{(m-1)\, x^2 - 1}{1 - x^2} \, mU_x - 2x \, m \, U_x{}' + (1 - x^2) \, U_x{}'' \right] \end{cases}$$

Remplazando en la ecuación diferencial (24)

$$(1 - x^2)U_x{}'' - 2x \, (m+1)U_x{}' + [\, n \, (n+1) - m \, (m+1)]U_x = 0 \qquad (4.113)$$

Si m= 0,

$$(1 - x^2)U_x{}'' - 2x \, U_x{}' + [\, n \, (n+1)]U_x = 0 \qquad (4.114)$$

Si se deriva la expresión 26, haciendo $U_x{}' = U_x$, m =+1 se obtiene la misma solución, para lo cual $P_n, P_n{}'$, $P_n{}''$ son la solución de la ecuación (4.114).

Si $0 \leq m \leq n$, y $\dfrac{d^m}{dx^m} P_n$ es la solución de la ecuación (4.114), que se puede presentar así.

$$P_{nm} = y = (1 - x^2)^{m/2} \, \dfrac{d^m}{dx^m} \, P_n \qquad (4.115)$$

Y la fórmula de Rodríguez

$$P_{nm} = y = (1 - x^2)^{m/2} \left[\dfrac{1}{2^n \, n!}\right] \dfrac{d^{m+n}}{dx^{m+n}} \, (x^2 - 1)^n \qquad (4.116)$$

4.15 Ecuación de Legendre de segunda clase

Dado que

$$(1 - x^2) \, y'' - 2x \, y' + \left[n \, (n+1) - \dfrac{m}{1-x^2} \right] y = 0 \qquad (4.117)$$

Haciendo

1) $x = \frac{1}{t}$ $\qquad dx = -\frac{1}{t^2} dt$ $\qquad \rightarrow \qquad \frac{dx}{dt} = -\frac{1}{t^2}$

2) $\frac{dy}{dx} = \frac{dy}{dt}\frac{dt}{dx} = -t^2 y_x'$

3) $\frac{d^2y}{dx^2} = t^4 y_x'' + 2t^3 y_x'$

Remplazando en la ecuación diferencial, teniendo ahora y_t

$$\left(1 - \frac{1}{t^2}\right)[t^4 y_t'' + 2t^3 y_t'] - 2\frac{1}{t}[-t^2 y_t'] + [n(n+1)]y_t = 0 \qquad (4.118)$$

$$\left(1 - \frac{1}{t^2}\right)t^2[t^2 y_t'' + 2t\, y_t'] + 2t\, y_t' + [n(n+1)]y_t = 0 \qquad (4.119)$$

$$(t^2 - 1)[t^2 y_t'' + 2t\, y_t'] + 2t\, y_t' + [n(n+1)]y_t = 0 \qquad (4.120)$$

Dividiendo por t^2 en (4.120)

$$(t^2 - 1)\left[\frac{t^2 y_t'' + 2t\, y_t'}{t^2}\right] + \frac{2t\, y_t'}{t^2} + \frac{[n(n+1)]}{t^2}y_t = 0 \qquad (4.121)$$

$$(t^2 - 1)y_t'' + 2\frac{(t^2-1)}{t}y_t' + \frac{2\, y_t'}{t} + \frac{[n(n+1)]}{t^2}y_t = 0 \qquad (4.122)$$

$$(t^2 - 1)y_t'' + 2t\, y_t' + \frac{[n(n+1)]}{t^2}y_t = 0 \qquad (4.123)$$

La solución para la ecuación (4.123) tiene la forma

$$y = t^s \sum_{k=0}^{\infty} a_k\, t^k \qquad (4.124)$$

Teniendo en cuenta que $a_0 \neq 0$, $s = \{n+1, n\}$ = eigen valores. Los coeficientes se puede hallar de acuerdo con

$$a_{2m} = \frac{2^n(n+2m)!\ (n+m)!}{n!\,(2n+2m+1)} \qquad (4.125)$$

La solución es

$$y_t = \frac{1}{t^{n+1}} \sum_{m=0}^{\infty} \frac{2^n\,(n+2m)!\ (n+m)!}{m!\,(2n+2m+1)!}\, t^{2m} \qquad (4.126)$$

Si se tiene que t=x, la solución para la función Q_n se presenta de acuerdo con

$$Q_n = \frac{1}{x^{n+1}} \sum_{m=0}^{\infty} \frac{2^n \, (n+2m)! \, (n+m)!}{m! \, (2n+2m+1)!} \, x^{2m} \tag{4.127}$$

Para la situación s= - n, las soluciones son las siguientes

$$y = P_n \tag{4.128}$$

$$y = C_1 P_n + C_2 Q_n \tag{4.129}$$

Si p= V, la ecuación es

$$(1-x^2)\frac{d^2 V}{d x^2} - 2x \frac{d V}{dx} + \left[n\,(n+1) - \frac{m}{1-x^2}\right] V = 0 \tag{4.130}$$

Si n, m pertenecen a los enteros con $m \le n$, se tiene

$$\begin{cases} y_n^m = \dfrac{d^m P_n}{dx^m} \\[2mm] y_n = \dfrac{d^m Q_n}{dx^m} \end{cases} \tag{4.131}$$

Las funciones asociadas son

$$\begin{cases} P_{nm} = (1-x^2)^{m/2} \dfrac{d^m P_n}{dx^m} & \to primera\ clase \\[4mm] Q_{nm} = (1-x^2)^{m/2} \dfrac{d^m Q_n}{dx^m} & \to segunda\ clase \end{cases}$$

Las funciones P_{nm} y Q_{nm} son ortonormales.

4.16 Resumen

Polinomios de Legendre (x=τ)

$P_n = \sum_{k=0}^{N} \frac{(-1)^k}{2^n \, k!} \frac{(2n-2k)!}{(n-k)! \, (n-2k)!} x^{n-2k}$	$P_n = \frac{1}{2^n n!} \frac{d^n}{dx^n}(x^2-1)^n$

Funciones asociadas de Legendre

$P_{nm} = (1-x^2)^{m/2}\, \dfrac{d^m}{dx^m}(P_n)$	$P_{nm} = y = (1-x^2)^{m/2}\left[\dfrac{1}{2^n\,n!}\right]\dfrac{d^{m+n}}{dx^{m+n}}(x^2-1)^n$

Función generadora de los polinomios de Legendre

$$L(1,t) = \frac{1}{\sqrt{1-2xt+t^2}} = \frac{1}{\sqrt{(1-t)^2}} = \sum_{n=0}^{\infty} P_n\, t^n$$

Formula de recurrencia para los polinomios de Legendre

$$(n+1)P_{n+1} = (2n+1)P_n - n\,P_{n-1}$$

Coeficientes de la serie solución de la ecuación de Legendre, para la solución

$$y = \sum_{n=0}^{\infty} a_{r+2}\, x^n$$

Coeficientes pares	Coeficientes impares
$a_0 = 1$	$a_1 = 1$
$a_2 = \dfrac{-n(n+1)}{2}\, a_0$	$a_3 = -\dfrac{(n-1)(n+2)}{6}\, a_1$
a_4 $= -\dfrac{(n-2)(n+3)}{12}\left(-\dfrac{n(n+1)}{2}\, a_0\right)$	a_5 $= -\dfrac{(n-3)(n+4)}{20}\left[-\dfrac{(n-1)(n+2)}{6}\, a_1\right.$

CAPITULO 5. POSICIONAMIENTO POR TÉCNICAS GNSS

El concepto básico de cómo un receptor GPS determina la posición. Desde la constelación de satélites, la posición del usuario puede ser resuelta. Sin embargo, las ecuaciones necesarias para resolver la posición del usuario se convierten en un sistema de ecuaciones no lineales simultáneas. Además, algunas consideraciones prácticas, (inexactitud del reloj del usuario) se incluirán en estas ecuaciones. Estas ecuaciones se resuelven a través de una linealización y el método de iteración. La solución es dada en un sistema de coordenadas cartesianas y se realiza una transformación a coordenadas esféricas. Sin embargo, la tierra no es una esfera perfecta, por lo tanto, la posición del usuario es entonces trasladada hacia un sistema de coordenadas terrestre.

5.1 La posición de un punto en el espacio

En el sistema GPS la posición del satélite es conocida por los datos de efemérides trasmitidos por el satélite. Sin embargo, la distancia medida entre el receptor y el satélite tiene un sesgo constante desconocido, porque el reloj del usuario suele ser diferente del reloj GPS. Con el fin de resolver este error un satélite de más es necesario. Sin embargo, si se utilizan cuatro satélites una de las soluciones se encuentra cerca de la superficie terrestre y la otra en el espacio, dado que la posición del usuario esta por lo general cerca de la superficie terrestre, puede ser determinada. Por lo tanto, cuatro satélites se pueden utilizar para determinar una posición de usuario (tres para la posición y el cuarto para la corrección de reloj).

La distancia desde este punto (en la superficie) se puede encontrar midiendo hasta algunas posiciones conocidas en el espacio. La figura 6.1, Muestra como determinar la posición del usuario, tres satélites y tres distancias son obligatorios para un caso en dos dimensiones, se podría decidir que en un caso tridimensional cuatro satélites y cuatro distancias son necesarios.

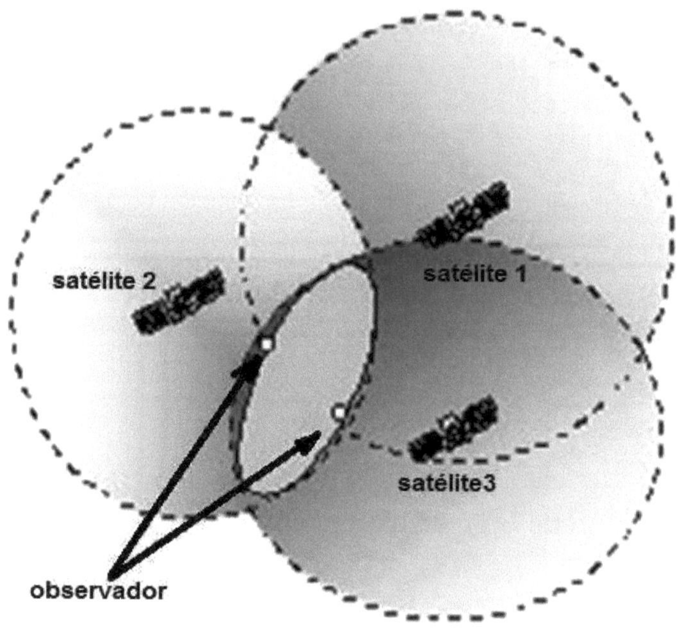

Figura 5. 1 Determinación de la posición del usuario.

5.2 Observables en GPS

En las técnicas de posicionamiento con técnicas GNSS, el más básico es el retardo temporal del tiempo de viaje de la señal hasta el centro de fase de la antena del receptor, la multiplicación de este por la velocidad de la luz, proporciona el cálculo de la distancia, pero esta distancia conocida como seudo distancia se ve afectada por una serie de errores. Los observables más utilizados son:

> Observable de tiempo
>> ✓ Código de capacidad de adquisición C/A , modulado en la frecuencia L_1

✓ Código P, modulado en la frecuencia L_2

✓ Código P , modulado en la frecuencia L_1

➢ Observable de diferencias de fase en la portadora

 ✓ Diferencia de fase en la portadora L_1

 ✓ Diferencia de fase en la portadora L_2

El tiempo de propagación de la señal se obtiene mediante la correlación del código P o C/A que es modulado por la señal portadora con una réplica que se genera en el receptor de señal utilizado por el usuario. Acción del receptor no coincide con la distancia real debido a los errores, entonces las ecuaciones para las seudo distancias corresponden con:

$$C_{REC}^{SAT} = \rho_{REC}^{SAT} + C\left[dt_{REC} - dt^{SAT}\right] + rel_{REC}^{SAT} + TROP_{REC}^{SAT} + \alpha_f ION_{REC}^{SAT} + K_{f\,REC} + K_f^{SAT} + M_{REC(C/A)}^{SAT} + \varepsilon_{REC(C/A)}^{SAT} \tag{5.1}$$

$$\rho_{1\,REC}^{SAT} = \rho_{REC}^{SAT} + C\left[dt_{REC} - dt^{SAT}\right] + rel_{REC}^{SAT} + TROP_{REC}^{SAT} + \alpha_f ION_{REC}^{SAT} + K_{f\,REC} + K_f^{SAT} + M_{REC(C/A)}^{SAT} + \varepsilon_{P\,REC}^{SAT} \tag{5.2}$$

$$\rho_{2\,REC}^{SAT} = \rho_{REC}^{SAT} + C\left[dt_{REC} - dt^{SAT}\right] + rel_{REC}^{SAT} + TROP_{REC}^{SAT} + \alpha_f ION_{REC}^{SAT} + K_{f\,REC} + K_f^{SAT} + M_{REC(C/A)}^{SAT} + \varepsilon_{P\,REC}^{SAT} \tag{5.3}$$

Dónde:

➢ ρ_{REC}^{SAT} es la distancia geométrica entre los centros de fase de las antenas de transmisor y receptor, se calcula mediante:

$$\rho_{REC}^{SAT} = \sqrt{\left[\left(x^{SAT} - x_{REC}\right)^2 + \left(y^{SAT} - y_{REC}\right)^2 + \left(z^{SAT} - z_{REC}\right)^2\right]} \tag{5.4}$$

➢ C es la velocidad de la luz

➢ dt_{REC} diferencia temporal entre tiempo GPS y reloj del receptor.

> dt^{SAT} diferencia temporal entre tiempo GPS y reloj del satélite.

> rel_{REC}^{SAT} efecto relativista, por diferencia de potencial gravitacional entre la posición del reloj del satélite y el receptor.

> $TROP_{REC}^{SAT}$ modelo troposférico.

> $\alpha_f ION_{REC}^{SAT}$ efecto ionosférico, depende la frecuencia.

> K_{fREC} retardo debido a constantes instrumentales del receptor, es independiente de la frecuencia.

> K_f^{SAT} retardo debido a constantes instrumentales del satélite, es independiente de la frecuencia.

> $M_{REC(C/A)}^{SAT}$ es el efecto de multi-trayectoria, es dependiente de la frecuencia y el código (C/A o P).

> $\varepsilon_P^{SAT}{}_{REC}$ es un término que corresponde al ruido que contiene todos los efectos no modelados.

En tiempo real, se consigue la posición absoluta para un punto no ambiguo pero con una precisión cuyo buffer es de 100m. La medida de fase, que es la distancia aparente entre el satélite y el receptor a partir de la portadora se puede calcular de acuerdo con:

$$L_{1REC}^{SAT} = \rho_{REC}^{SAT} + C\left[dt_{REC} - dt^{SAT}\right] + rel_{REC}^{SAT} + TROP_{REC}^{SAT} - \alpha_1 ION_{REC}^{SAT} + \lambda_1 B_{1REC}^{SAT} + m_{L,REC}^{SAT} + \omega_L + \varepsilon_{REC(L1)}^{SAT}$$

$$(6.5)$$

$$L_{2REC}^{SAT} = \rho_{REC}^{SAT} + C\left[dt_{REC} - dt^{SAT}\right] + rel_{REC}^{SAT} + TROP_{REC}^{SAT} - \alpha_2 ION_{REC}^{SAT} + \lambda_2 B_{2REC}^{SAT} + m_{LREC}^{SAT} + \omega_L + \varepsilon_{REC(L1)}^{SAT}$$

$$(5.6)$$

Dónde:

➢ ION_{REC}^{SAT} es el termino ionosférico con diferente signo para fase y código.

➢ $\lambda_f B_{f\,REC}^{SAT}$ es la ambigüedad de la fase, cuando se adquiere la señal tiene un numero entero λ De longitudes de onda a la que le suman las constantes instrumentales de satélite y receptor.

➢ ω_L error debido a la polarización de la señal wind –up, si la posición del receptor es fija pero se gira un ángulo de $360°$ int roduce una variación en la longitud de onda de onda.

➢ $m_{L\,REC}^{SAT}$ representa el término de multi trayectoria para la medida de la fase

5.3 Errores referentes al satélite

El error de reloj en el satélite, es el desfase respecto al tiempo GPS. Estos errores se pueden eliminar mediante las correcciones enviadas en el mensaje de navegación del satélite que recibe el receptor.

La distancia al satélite se puede obtener de acuerdo con:

$$dt^{SAT} = a_0 + a_1\left[t - t_{OC}\right] + a_2\left[t - t_{OC}\right]^2 \tag{5.7}$$

Dónde:

➢ a_0 es "satellite clock offset", conocido como la compensación de reloj del satélite.

➢ a_1 es "satellite clock drift", o sincronización del reloj del satélite.

➢ a_2 es "satellite clock frecuency drift", deriva de la frecuencia del reloj del satélite.

➢ t tiempo del reloj del satélite (segundos en la semana GPS).

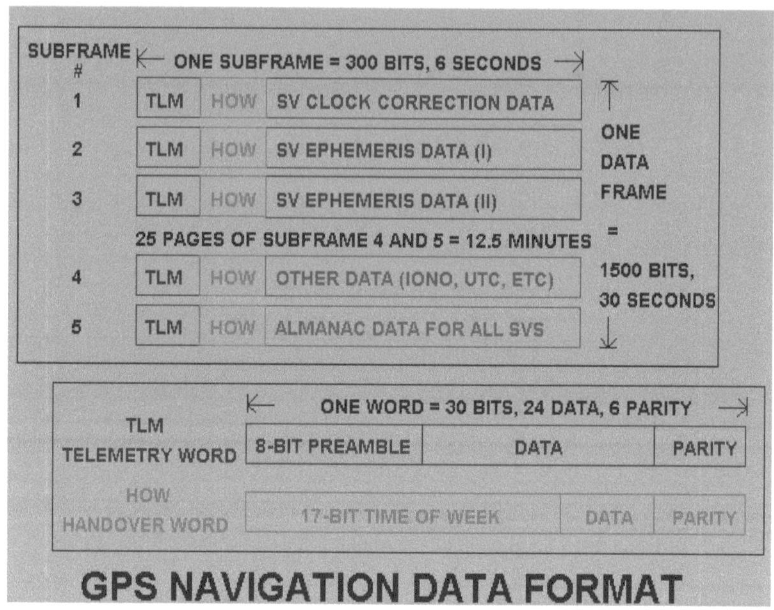

Figura 5. 2 Mensaje de navegación.

Tomado de http://tel.abloque.com/telecomunicaciones/tutorial/apartado33.html

- t_{OC} época de referencia para los coeficientes (segundos en la semana GPS).

También se tienen errores en los parámetros orbitales los cuales son útiles para predecir la posición del satélite en un sistema de coordenadas XYZ centrado en el centro de masa de la Tierra. Con esto las estaciones de control del sistema pueden calcular las seudo distancias de los satélites de la constelación.

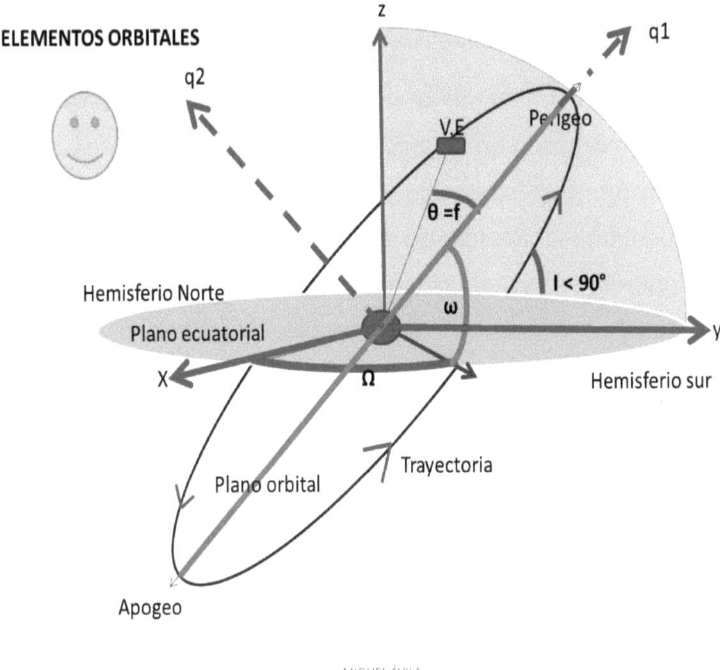

Figura 5. 3 Satélite en órbita y sus principales elementos orbitales.

El conocimiento de los elementos orbitales permite predecir la posición futura del satélite, sus presentaciones están dadas en un formato conocido como TLE, el cual se muestra a continuación.

GPS BIIA-15 (PRN 27)

1 22108U 92058A   08103.55620427 -.00000040 00000-0 10000-3 0 6200

2 22108 55.5074 51.9355 0213506 261.7285 95.8355 2.00575177114181

Figura 5. 4 Información contenida en el Formato TLE.

5.4 Errores debido a la propagación de la señal

➢ Refracción ionosférica: como la señal es una onda, esta atraviesa varios medios de propagación en su viaje, atravesando la región de la ionosfera que contiene un gran contenido de iones, los cuales interactúan con la señal, proporcionando un retardo en la señal.

- El signo de esta interacción es negativo para la medidas de la fase (produce un avance en la portadora, y se miden distancias más pequeñas)
- Signo positivo para las pseudodistancias (produce un retardo, midiendo distancias más largas).

Este error es proporcional a la densidad del contenido total de electrones (TEC) en la trayectoria de la señal, siendo función de la longitud de onda al cuadrado, inverso al cuadrado de la frecuencia. Debido a lo expuesto anteriormente este medio se considera un medio dispersivo, donde la velocidad es función de la longitud de onda y la frecuencia.

$$\begin{cases} \dfrac{d}{df}V \\[2ex] \dfrac{d}{d\lambda}V \end{cases}$$

(5.8)

Los modelos utilizados para este retardo son:

➢ Modelo de Klobuchar: supone que los electrones están concentrados en una capa delgada a una altura de 350 Km de altura, el plasma que forma la ionosfera está producido por un efecto ionizante de la radiación solar, mostrando que el TEC tenga una periodicidad:

Diaria máxima en el medio día

$$\begin{cases} T - \dfrac{P}{4} < t < T + \dfrac{P}{4} \\ I = DC + ACos\left(\dfrac{2\,\pi\,(t - T_P)}{P} \right) \end{cases}$$

(5.9)

Mínimo en la noche

$$\begin{cases} \left[t < T - \dfrac{P}{4} \quad y \quad t > T + \dfrac{P}{4} \right] \\ I = DC \end{cases}$$

(5.10)

Siendo t la hora solar local, además:

$$\begin{cases} DC = 9.2\,TECU \quad ó \quad DC = 5ns \\ T_P = 14.00^h \\ P = \sum_{n=0}^{3} \beta_n\, \phi^{-n} \\ A = \sum_{n=0}^{3} \alpha_n\, \phi^{-n} \end{cases}$$

(5.11)

ϕ Es la latitud geomagnética de la estación. Para que este modelo sea utilizado en el post proceso, los coeficientes α_n, β_n deben ser transmitidos en la subtrama #4 del mensaje de navegación (ver figura 6.2) para poder calcular A y P. Como este modelo es interno en el software de pos proceso y esta validado para latitudes medias, por eso en la herramienta de post_proceso con herramienta libre LGPL se puede manipular este modelo para obtener una mejor precisión en las coordenadas del punto en estudio.

> Refracción troposférica: siendo eta una capa situada a una altura menos que la ionosfera y más cercana a la superficie terrestre está caracterizada por disminución en la temperatura a medida que se aumenta la altura. En esta región la temperatura es función de la temperatura para el área determinada en la cual se hace el levantamiento, la presión de gases secos y el vapor de agua de la región. Esta se considera un medio no dispersivo para radioondas de frecuencias superiores a 1.5 Ghz, lo que

indica que la propagación de la señal de GPS es la misma para las dos frecuencias utilizadas L_1 y L_2. el modelo matemático corresponde con la expresión

$$T_{REC}^{SAT} = \left[\, d_{sec\,o} - + d_{humedo}\, \right] m\left(elev\right)$$

(5.12)

Siendo:

d_{seco} Es el retardo vertical debido a la componente seca de la troposfera (compuesta por oxigeno básicamente).

d_{humedo} Es el retardo vertical asociado a la componente húmeda de la troposfera (debido al vapor de agua de la atmosfera). Para el cálculo de estos retardos se propone:

$$\begin{cases} d_{sec\,o} = 2.3\, m\, \lambda^{\left(-0.116\ .10^{-3} H\right)} \\ d_{humedo} = 0.1\, m \\ H\ altura\ sobre\ el\ nivel\ del\ mar,\ medido\ en\ metros \end{cases}$$

(5.13)

$m\left(elev\right)$ Corresponde al factor de oblicuidad para la proyección del retardo vertical en la dirección de observación del satélite, <u>elev</u> es el ángulo de elevación desde el horizonte hacia el cenit.

$$m\left(elev\right) = \frac{1.001}{\sqrt{\left(0.002001 + Sen^2\left[elev\right]\right)}}$$

(5.14)

5.5 Perdida de ciclos

En ocasiones se tienen saltos en los registros de la señal en medidas de fase, este se debe a la interrupción o perdida de señal que envía el satélite, los motivos por los cuales puede ocurrir esto se describen a continuación:

➢ Mal funcionamiento del oscilador ubicado en el satélite.
➢ Fallo en el software del receptor, implicando un post proceso erróneo.

> La relación señal a ruido es baja debido a condiciones de ionosfera, multipath, receptores en movimiento o un ángulo de elevación del satélite muy bajo.

> La mascar de captura debe ser muy alta debido a la presencia de edificaciones. Este efecto se puede corregir en todas las observaciones de fase siguientes para el satélite con pérdida de ciclos y su respectiva portadora.

5.6 Efecto multitrayectoria (multipath)

Se tiene debido a las múltiples reflexiones de la señal emitida, estas señales se superponen a la señal directa siendo más largas, pueden llegar a distorsionar la amplitud y forma de la onda incidente, depende de la frecuencia de la señal portadora. En las mediciones por código se puede alcanzar un valor teórico de 1.5 veces la longitud de onda incidente, que para el caso de adquisición por C/A puede ser hasta de 450 m en la posición del punto. Para las mediciones por fase en valor teórico es de 5 cm.

5.7 Dilución en precisión

En las técnicas de posicionamiento con técnicas satelitales, un factor importante a tener en cuenta es la geometría de los satélites para conseguir una buena precisión en las coordenadas finales del punto. La geometría de los satélites cambia en el tiempo debido al movimiento de los satélites. Para ello se tiene un factor de dilución geométrico conocido como GDOP. Este valor es inversamente proporcional al volumen del cuerpo formado por los vectores unitarios que unen al sistema satélite-receptor. El valor del GDOP debe ser multiplicado por el error de las seudo distancias. Las componentes de esta dilución son:

➢ PDOP dilución en precisión, es conocido también como un DOP esférico.

➢ TDOP dilución en precisión en el tiempo.

➢ HDOP dilución en precisión horizontal.

➢ VDOP dilución en precisión vertical.

5.8 Combinación lineal de fase

Las combinaciones que se tienen son ionosférica, libre de ionosfera, narrow-lane (carril estrecho), wide-line (ancho de línea), en detalle corresponden a:

➢ Combinación ionosférica: cancela la parte geométrica de la medida, para quedarse con el efecto ionosférico y las constantes instrumentales, se recomienda para estudios libres orbitales.

$$\begin{cases} PI = P_2 - P_1 \\ LI = L_1 - L_2 \end{cases}$$
(5.15)

$$\begin{cases} PI = \alpha_1 \, I + KI + M_{F1} + \varepsilon_{PI} \\ LI = \alpha_I \, I + \lambda_I B\delta - \lambda_I B_2 + m_{L1} + \varepsilon_{L1} \\ KI = K_1 - K_2 \\ \alpha_1 = \alpha_2 - \alpha_1 \; ; 1.05 \\ \lambda_I = \lambda_2 - \lambda_1 \quad ; \quad 5.4cm \end{cases}$$
(5.16)

➢ Combinación libre de ionósfera: el efecto de ionosfera depende del cuadrado de la frecuencia dado que $\alpha = \dfrac{40.3}{f^2}$. Esta combinación permite que pueda eliminarse hasta un 99%, pero no mantiene la ambigüedad de un valor entero, se recomienda para zonas donde no se cuenta con modelo para este efecto o para zonas donde el efecto es muy grande tal es el caso de zonas cercanas al ecuador, polares o ciclos de manchas solares máximas.

$$\begin{cases} PC = \dfrac{P_1 f_1^2 - P_2 f_2^2}{f_1^2 - f_2^2} \\[2ex] Lc = \dfrac{L_1 f_1^2 - L_2 f_2^2}{f_1^2 - f_2^2} \end{cases} \tag{5.18}$$

$$\begin{cases} PC = \rho + C\left(dt_{REC} - dt^{SAT}\right) + rel + T + KC + M_{PC} + \varepsilon_{PC} \\[1ex] Lc = \rho + C\left(dt_{REC} - dt^{SAT}\right) + rel + T + \lambda_C BC + m_{LC} + \omega_{LC} + \varepsilon_{LC} \end{cases} \tag{5.19}$$

Teniendo en cuenta que

$$\begin{cases} KC = \dfrac{f_1^2 K_1 + f_2^2 K_2}{f_1^2 + f_2^2} \\[2ex] BC = \dfrac{f_1^2 B_1 + f_2^2 B_2}{f_1 + f_2} \\[2ex] \lambda_C = \dfrac{C}{f_1 + f_2} = 10.7cm \end{cases} \tag{5.20}$$

➢ Combinación Narrow- Lane (Pδ), Wide – Lane (Lδ): La combinación (Lδ) proporciona un observable de longitud de onda de extensión 86.2 cm, representando unas 4 veces mayor que la longitud de onda L_1 o L_2. Siendo muy útil para la detección de saltos de ciclo en la fase. Mientras que Pδ es de alrededor de 10.7cm, observable con menor longitud de onda ofreciendo la posibilidad de resolver ambigüedades de fase, en general se puede utilizar una combinación Melbourne - Wubena que es la diferencia de Lδ- Pδ. sus expresiones corresponden con:

$$\begin{cases} P\delta = \dfrac{f_1 P_1 + f_2 P_2}{f_1 + f_2} \\[2ex] L\delta = \dfrac{f_1 P_1 + f_2 P_2}{f_1 - f_2} \end{cases} \tag{5.21}$$

De tal forma que se puede tener:

$$\begin{cases} P\delta = \rho + C\left(dt_{REC} - dt^{SAT}\right) + rel + T + \alpha_\delta I + K\delta + M_{P\delta} + \varepsilon_{P\delta} \\[1ex] L\delta = \rho + C\left(dt_{REC} - dt^{SAT}\right) + rel + T + \alpha_\delta I + \alpha_\delta B\delta + m_{L\delta} + \varepsilon_{L\delta} \end{cases} \tag{5.22}$$

Además que

$$\begin{cases} K\delta = \dfrac{f_1 K_1 - f_2 K_2}{f_1 + f_2} = 10.7\ cm \\[2mm] B\delta = B_1 - B_2 \\[1mm] \quad B\delta = \dfrac{C}{f_1 - f_2} = 86.2\ cm \\[2mm] \alpha_\chi = \dfrac{40.3}{f_1 f_2} \end{cases}$$

(5.23)

Como tal se tiene que la pseudodistancia NARROW- LANE es atrasada por la ionosfera, mientras que la fase NARROW – LANE es avanzada, contrario a lo que se observa con la WIDE- LINE. Ahora si se conoce esta combinación, se puede resolver las ambigüedades de combinación libre de ionosfera de forma indirecta, que esta es una combinación lineal de la ambigüedad de la medida de la fase de la frecuencia L_1 y la ambigüedad de WIDE-LANE. Una observación importante es que WIDE.LANE está más afectada por el retardo ionosférico que la portadora L_1 y menos que L_2

5.9 Mensaje de navegación

El satélite de la constelación debe enviar todos los datos para que el receptor pueda realizar un buen posicionamiento, debido a que los códigos seudoaleatorios no incorporan información referente. El mensaje enviado es modulado sobre las dos frecuencias y su contenido consta de:

➢ Parámetros orbitales.
➢ Estado de salud del satélite.
➢ Información de relojes en los satélites.
➢ Datos de corrección en los que se incluyen el modelo ionosférico del sistema GPS.

Las estaciones de control master, realizan esta labor, para que los satélites envíen la señal a los usuarios civiles. El mensaje está en forma binaria al igual que los códigos C/A y P mas no así la secuencia aleatoria (PNR de cada satélite), este mensaje tiene una velocidad de un bit cada 20 repeticiones del código C/A, lo que indica una frecuencia de 50 Hz, la duración del mensaje es de 12.5 minutos. Este tiene 25 tramas de 1500 bits cada uno, y cada trama se transmite cada 30 segundos.

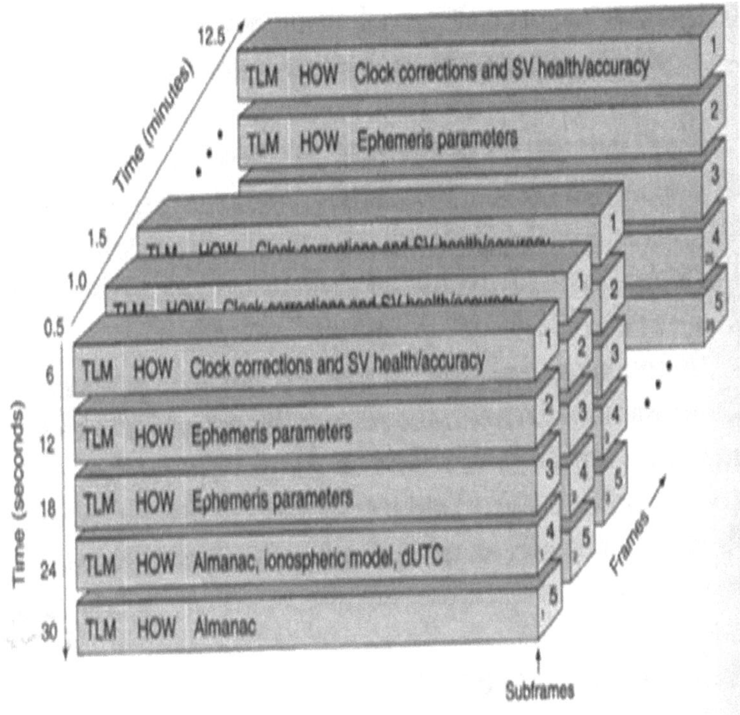

Figura 5. 5 Estructura del mensaje de navegación.

Cada trama consta de 5 subtramas de 300 bits cada una (6 segundos) que a su vez está dividida en 10 palabras de 30 bits de longitud. Las primeras tres (3) subtramas son invariantes, pero las subtramas 4 y 5 no, de tal forma que se tienen 25 subtramas 4 y 25 subtramas 5 a las cuales se les denomina páginas que obviamente son diferentes.

Cada subtrama empieza con la información de telemetría (TLM), de 14 bits con información de estado de salud del satélite, el resto de bits son de sincronización y paridad, la segunda palabra conocida como transferencia entrega de palabra (HOW= hand over word) contiene el tiempo de semana GPS (tow= time of week), un contador de 17 bits también llamado contador Z que permite determinar el tiempo transcurrido desde que se inició el código P. esto utilizado junto con el C/A permite una sincronización rápida con el código P

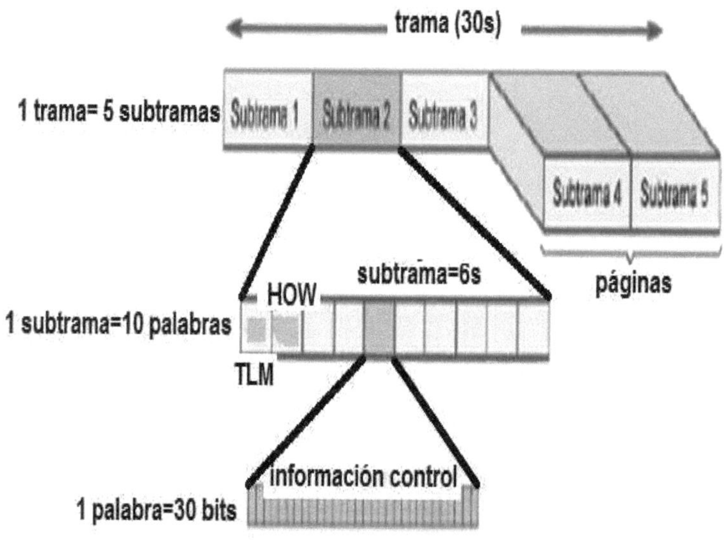

Figura 5. 6 Mensaje de navegación.

El contenido del mensaje se puede explora de la siguiente forma:

> Subtrama 1: contiene información sobre correcciones del reloj de satélite, que constan de los coeficientes polinómicos para conversión de tiempo

abordo en tiempo GPS, salud del satélite, antigüedad de la información ,
se repite cada 30 segundos esta es una información que el control master
transmite a cada satélite.

➢ Subtramas 2 y 3: poseen información de efemérides del satélite que
permiten el cálculo preciso de posición y velocidad en la órbita al igual
que la edad de dichos parámetros.

➢ Subtrama 4:   en este se tienen los parámetros del modelo ionosférico
(usuarios mono frecuencia), información de tiempo UTC, parte de
almanaque y las indicaciones si el sistema activa el anti spoofin A/S,
alguna información es de reserva militar.

➢ Subtrama 5: envía datos de almanaque y estado de la constelación, para
poder identificar cada satélite (PNR), para obtener el almanaque completo
se necesitan 25 tramas.

5.10 Procesamiento de datos GNSS

El software GPS-TK es una librería desarrollada por la universidad de Austin
Texas, orientada fuertemente a objetos con lenguaje de programación C^{++},
provee un conjunto de ficheros ejecutables que permiten al usuario procesar
archivos RINEX   que pueden ser útiles para obtener los mapas del
comportamiento ionosférico, troposférico, ajuste de redes geodésicas y
realizar calculo entre fechas al igual que las conversiones de coordenadas.

La facilidad de procesar datos de GPS es posible para usuarios comunes
que necesiten un alto grado de precisión en sus coordenadas mediante una
herramienta informática científica y sin restricciones en su implementación,
ya que esta con los lineamientos de GNU   y licenciamiento LGPL.

Utilizando esta herramienta   se presenta este documento producto de
investigación utilizando las librerías para realizar procesamiento de datos

GPS de igual calidad a los presentados por institutos dedicados al procesamiento de datos GPS para obtención de coordenadas con soluciones semanales   tales como el instituto geográfico Agustín Codazzi   y organizaciones dedicadas a este tratamiento de señales como es SIRGAS.

5.11 Procesamiento con GPS –TK

Como se había mencionado en el ítem anterior, el licenciamiento de GPS – TK es LGPL, el cual permite al usuario tener a su alcance algunas libertades que son:

- ➢ 0 "ejecución de cualquier programa bajo cualquier propósito"
- ➢ 1 " estudiar cómo funciona el programa"
- ➢ 2 " redistribuir copias"
- ➢ 3 "mejorar el programa"

De lo anterior se pude decir que el software se compone de un conjunto de librerías (ficheros *so, ficheros *.a) que permiten realizar los respectivos enlaces de forma dinámica o estática según las necesidades del usuario, Ficheros ejecutables que brindan la posibilidad de ejecutar aplicaciones preconstruidas por la universidad de Austin para el procesamiento de archivos RINEX, en los que se encuentran obtención de fecha en el calendario GPS, mapas ionosféricos, ajustes de redes geodésicas para estaciones GNSS.

Finalmente un conjunto de ficheros cabecera (*.hpp) para la construcción de aplicaciones dentro del lenguaje C^{++} PARA LOGRAR una optimización y personalización de la herramienta a las necesidades del usuario en diferentes ámbitos académicos, investigativos o comerciales.

Este software obtiene las coordenadas implementado el filtro Kalman que está compuesto por dos partes, definiendo la primera de ellas como

$$x_k = A\, x_{k-1} + Bu_{k-1} + wk - 1$$

(5.24)

Donde A es una matriz nxn, que relaciona el valor del seudo rango actual con el seudo rango calculado anteriormente, la matriz B comprende los estados de cada seudo rango obtenido, es decir la diferencia entre un seudo rango y el inmediatamente anterior no supere el orden de los centímetros y por ende eliminar los ruidos blancos causados por la medición. Para cada satélite incluido en los cálculos se le asigna un peso, que corresponde a la función de mapeo

$$m = \frac{1}{Cos\ z}$$

(5.25)

Siendo Z el ángulo cenital del satélite, el cual se mide desde el horizonte del observador. Con los cuales se han generado los seudo rangos a cada uno de los satélites identificado en el rastreo. Por otro lado el software GPS-TK implementa el modelo estadístico de las cadenas de Markov dado como

$$P_{ij} = \sum_{k\ =1}^{r} P_{ik}\ P_{kj}$$

(5.26)

Con el fin de establecer las probabilidades a cada una de las coordenadas a cada época de observación contenida en los archivos RINEX para darle mayor consistencia a cada resultado. Este trabajo ha tomado como referencia la tesis doctoral de Dagoberto Salazar en el cual se detalla el posicionamiento de punto preciso PPP.

En la cual se realizó un procesamiento de datos GPS mediante la compilación y ejecución de una aplicación en lenguaje C^{++} generando una salida final con variaciones entre las coordenadas XYZ respecto a las coordenadas conocidas del punto, comportamiento del retraso troposférico, varianzas de cada dato obtenido, numero de satélites observados y los valores de la dilución PDOP resultantes de la observación. Para la realización del procesamiento de los ficheros RINEX se debe contar con un fichero denominado "pppconf.txt" el cual contiene la ruta de los insumos necesarios para obtener los resultados requeridos, con épocas de observación 1,15, 30 segundos.

5.11.1 Metodología para un caso de estudio en Colombia

Para realizar el trabajo se utilizan las estaciones pertenecientes a la red MAGNA ECO

- ➢ Puerto Berrio (BERR)
- ➢ Bogotá (BOGA)
- ➢ Tunja (TUNA)
- ➢ Villavicencio (VIVI)

Que son la densificación de la red SIRGAS – CON, todos los archivos Rinex tienen épocas de 15 segundos. Los días procesados 332 – 365 de 2010 están comprendidos entre las semana 1612 y 1616.

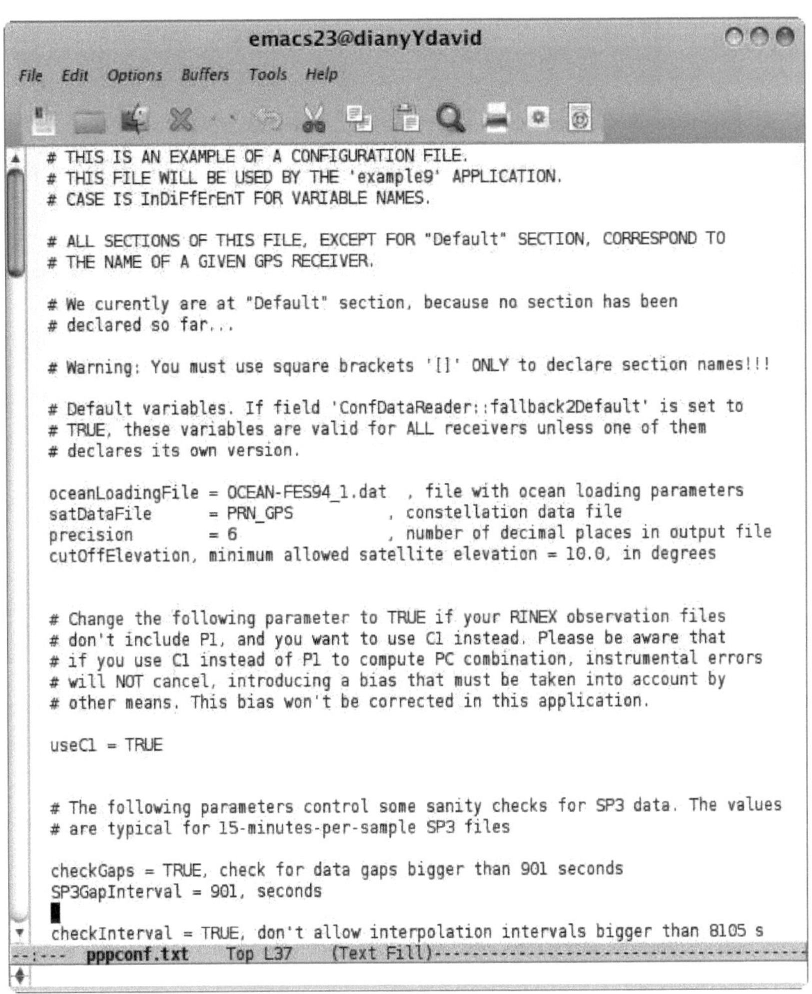

Figura 5. 7 Archivo pppconf.txt.

5.11.2 Insumos

Los requerimientos para este post_proceso son

➢ RINEX de la estación a procesar.

➢ Efemérides precisas del día anterior, actual y posterior al procesamiento.

➢ Matriz con los valores de los coeficientes de carga oceánica referidos al modelo FES 94.1

➢ Coordenadas XYZ conocidas de la estaciones a procesar.

➢ Fichero "igs08.atx" con los desplazamientos da los centros de fase de las antenas para cada una de las estaciones.

➢ Plano referencia de la antena (ARP= antenna plane reference).

5.11.3 Procedimiento

Para procesar cada una de las estaciones mencionadas en los días indicados, se llevó a cabo el procedimiento que se indica en la siguiente ilustración.

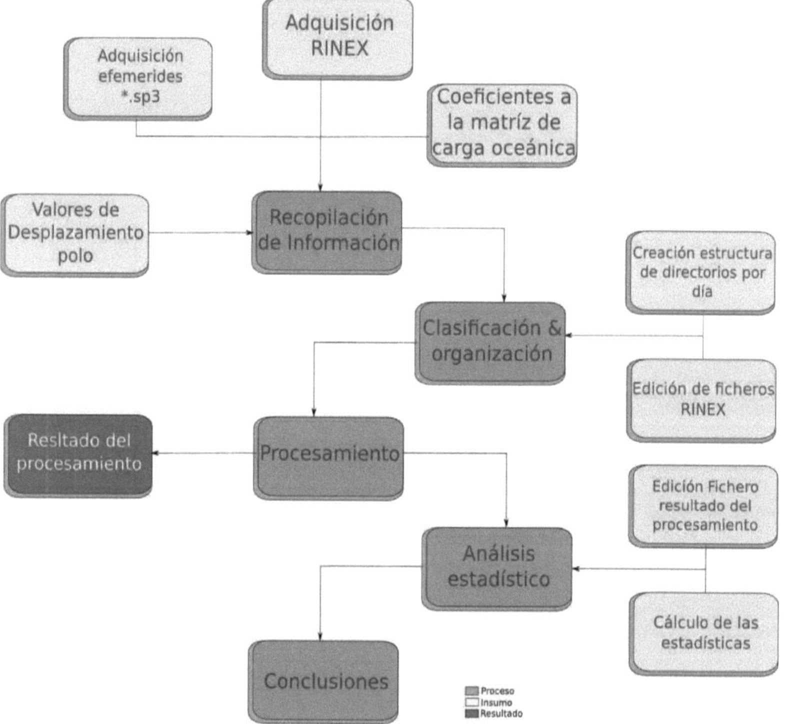

Figura 5. 8 Metodología empleada en el procedimiento.

BIBLIOGRAFIA

[1] Parvin, R. Inertial navigation, D. van nostrand company. Inc. 1960,

[2] R.C. OLSEN, Introduction to the space environmental, Naval postgraduate School, 2003.

[3] A. Leick. GPS satellite surveying, Willey interscience, 1995.

[4] D. Roddy, Satellite communications third edition, New York, 2001.

[5] L. Mendoza, Sistemas coordenados, Ecosat, México, 2007.

[6] J. Bao Yen Tsui, Fundamentals of golabal positioning system receivers second edition, Willey editions, Canada, 2005.

[7] P.J.G. Teunissen., GPS for Geodesy second edition, Springer, Berlin, 1998.

[8] L. Mendoza, órbitas keplerianas, Ecosat, Mexico, 2007.

[9] Heinskanen. W.geodesia física, Agencia cartográfica de defensa, 1988.

[10] Sigl. R. Introduction to potential theory. Abacuss Press. 1985.

[11] A. P. Marins, Determinacao e manobras autonomas de orbitas de satellites artificias en tempo real usando medidas PS de una frecuencia. Instituto nacional de pesquisas espacias, San José Dos Campos Brasil, 2000.

[12] Krogh. K, Schreder.e. Attitude determination for aau cubesat. tesis   de maestria, 2002.

[13] Nason, I., Puig-Suari, J., Twiggs, R.J., "Development of a Family of Picosatellite Deployers Based on the CubeSat Standard," Proceedings of the IEEE Conference, Big Sky Montana, IEEE, 2002.

[14] L. Mendoza, Orbitas de satélites artificiales, Ecosat, México, 2007

[15] L. Mendoza, Torcas ejercidas sobre un satélite y evolución de su orientación, México, 2007.

[16] Wie, B., Space Vehicle Dynamics and Control, AIAA Educational Series, Tempe, Arizona 1998.

[17] Heidt, H., Puig-Suari, J., Moore, A.S., Nakasuka, S., Twiggs, R.J., "CubeSat: A New Generation of Picosatellite for Education and Industry Low-Cost Space Experimentation," Proceedings of the Utah State University Small Satellite Conference, Logan, UT, August 2001.

[18] Nason, I., Creedon, M., Puig-Suari, J., "CubeSat Design Specifications Document," Revision V, Nov. 2001, pp. 1-6. <http://ssdl.stanford.edu/cubesat>.

[19] Roddy, Dennis. Satellite communications.2001. Mac Graw Hill. Pp 28-62 Heidt, H., Puig-Suari, J., Moore, A.S., Nakasuka, S., Twiggs, R.J., "CubeSat: A New Generation of Picosatellite for Education and Industry Low-Cost Space Experimentation," Proceedings of the Utah State University Small Satellite Conference, Logan, UT, August 2001.

[20] AIRES, Frank. Teoría y problemas de ecuaciones diferenciales, Bogotá. Mac Graw Hill 1998.

[21 ALONSO, Marcelo. Física. México D.F. Fondo educativo interamericano.1978.

[22] BAJPAI, A. Matemáticas para estudiantes de ciencias e ingeniería. México D.F. Editorial Limusa. 1979.

[23] BATH, Markus. spectral analysis in geophysics. Netherlands. Elsevier scientific publishing company. 1982.

[24] BRACEWELL, Ronald. The Fourier transform and it´s applications. Singapore. Mc Graw Hill. 1986.

[25] CANTOS, José. Tratado de geofísica aplicada. Madrid. Litoprint, 1984.

[26] DAVIS, Harry. Fourier series and orthogonal functions. New York. Dover publications. 1.999.

[27] DUARTE, Luis y LINERO, Ernesto. Construcción de una carta magnética a partir de la variación de las componentes declinación e inclinación. Santafé de Bogotá.1998. Pág 29, 30,31.trabajo de grado. Universidad Distrital Francisco José De Caldas. Facultad de Ingeniería.

[28] EISBERG, Robert. Física fundamentos y aplicaciones, Madrid. Graw Hill.1981.

[29]GEOMINERA. Levantamiento e interpretación de información Aero geofísica para exploración y mapeo geológico, La Habana. 1998.

[30]GOODACRE, A. Interpretación de anomalías gravimétricas y magnéticas para no especialistas. México D.F. Instituto Panamericano de Geografía e Historia, 1989.

[31]HABERSTOCK, Eric. Curso básico de gravimetría, Ingeominas, Cartagena. 1985

.[32] HEISKANENN, Weiko. Geodesia física. Panamá. Agencia cartográfica de defensa servicio geodésico interamericano escuela cartográfica. Junio 1988.

[33] LOGACHEV, A. Exploración magnética. Bogotá. Editorial Reverté, 1978.

[34]MENKE, WILLIAM. Geophysical data analysis discrete inverse theory. Academy Press, Inc. New York.1989.

[35] MIRONOV, V.S. Curso de prospección gravimétrica, Bogotá. Editorial Reverté, 1977.

[36] MURRAY, SPIEGEL. Análisis Vectorial. México D.F. Mc Graw Hill, 1978.

[37] PRESS, W. TEUKOLSKY, S. Numerical Recipes in C, Cambridge University Press.Cambrige. 1992.

[39]UDIAS, Agustín. Fundamentos de geofísica. Madrid. Editorial alhambra. 1986.

[40] VASILIEV, V. Geodesia Superior. URSS. 1981.

[41] DOBRIN, Milton. Geophysical prospecting. Singapore. Mc Graw Hill. 1988.

[42] SHERIF, R. Exploración sismológica vol. I. México D.F. Editorial Limusa, 1991.

[43] AVILA,M. FORERO, A. Técnica de seudo campos para la gestión del riesgo en Colombia, Editorial académica española, 2013.

[44] AVILA, M. SALAMANCA, J. PLAZAS, L. Cálculo de mapas de seudo gravedad y seudomagnétismo, Editorial académica española, 2013.

yes
I want morebooks!

Buy your books fast and straightforward online - at one of the world's fastest growing online book stores! Environmentally sound due to Print-on-Demand technologies.

Buy your books online at
www.get-morebooks.com

¡Compre sus libros rápido y directo en internet, en una de las librerías en línea con mayor crecimiento en el mundo! Producción que protege el medio ambiente a través de las tecnologías de impresión bajo demanda.

Compre sus libros online en
www.morebooks.es

SIA OmniScriptum Publishing
Brivibas gatve 1 97
LV-103 9 Riga, Latvia
Telefax: +371 68620455

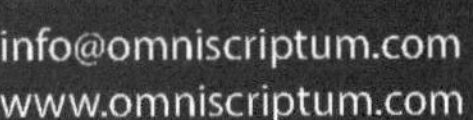

Printed by Books on Demand GmbH, Norderstedt / Germany